トトロの森をつくる

トトロのふるさと基金のあゆみ30年

公益財団法人
トトロのふるさと基金［編著］

合同出版

すばらしい人たちとともに、
森を守る歩みを進めることができた
夢のような30年でした。
ありがとうございました。

早稲田大学の新キャンパスの建設計画が伝わってきた頃、
お伊勢山から比良の丘方面を望む（1980年撮影）。
お伊勢山は早稲田大学の開発で跡形もなく失われてしまった。

行ってみればわかる

トトロの森1号地（2020年8月撮影）。

トトロの森へようこそ

作家の工藤直子さん(中央)が取材をして、
書籍『あっ、トトロの森だ!』(1992年、徳間書店)
ができあがった(1991年撮影)。

緑の森博物館の
「水鳥の池」で行われたかい堀り
(1995年撮影)

「緑の森博物館設置条例」が
ようやく制定された
(2005年撮影)

水量豊富な金掘沢《かなほりさわ》(2003年撮影)

晩秋の緑の森博物館(2007年撮影)

みんなでつくるトトロの森

一般廃棄物の処分場候補地になった北野の谷戸（２００６年10月撮影）

地域の方々とまもり抜いた北野の谷戸での田植え（２０１８年６月撮影）

稲刈りも地域の子どもたちと共に（2018年10月撮影）

トトロの森37号地の下草刈り作業（2017年6月撮影）

トトロの森43号地（2020年撮影）

「トトロの森で何かし隊」のボランティア登録説明会には、多くの方が参加してくれる（2019年撮影）

トトロの森の生物多様性

りっぱなひげをもつヒゲナガガ（2004年撮影）

西久保湿地のオギ（2006年撮影）

トトロの森に咲いたカタクリ（2020年撮影）

葛籠入湿地に生息するヘイケボタル（2016年撮影）

「トトロのふるさと基金」の活動拠点施設
「クロスケの家」（2017年撮影）

「クロスケの家」の茶工場の
入り口（2017年撮影）

茶業農家の旧家「クロスケの家」を拠点に

蔵で私たちを見守る「まっくろくろすけ」（2013年撮影）

「クロスケの家」で見つけたオナガサナエ（2020年撮影）

トトロの森をまもる

ゴミの不法投棄現場（1992年撮影）

ゴミ拾い活動は、トトロの森を守る活動の普及・啓発にもなっている（2019年撮影）

椿峰で行ったゴミ拾い活動（1990年撮影）

環境教育の一環として行ったまゆ玉飾り（2019年撮影）

◆もくじ

第2部 トトロのとりくみ

第3部 「トトロのふるさと基金」30年への期待とエール

装丁・口絵・トビラデザイン＝守谷義明＋六月舎

はじめに

「トトロの森」という名前を耳にされたことがあるでしょうか？

「聞いたことあるような気がするけど、ほんとにあるのかしら……」、そんなふうに思われる方も少なくないかもしれません。

トトロの森は、埼玉県と東京都にまたがって広がる狭山丘陵において、私たち公益財団法人トトロのふるさと基金（トトロ基金）が所有する森の名前です。

今、「所有する」と書きました。電車や車に乗っていてたくさんの木々が生い茂る森を見たとき、この森は誰の持ちものなんだろうか、なんて考えたりしないですよね。でも、私たちの住む家が自分自身のものだったりおばあちゃんのものだったり、さらにはある会社のものだったりするように、森にも所有者がいます。

私たちは今から30年前の1990年、狭山丘陵の自然を保護するために、全国から寄付金を募って森を買い取り保全するナショナル・トラスト活動を始めるべく「トトロのふるさと基金」という市民団体を立ち上げました。「狭山丘陵は開発し尽くされてしまうのではないか」という危機感を私たちは抱いたからです。以後、私たちは国内外の何万人という方々からご協力いただき、50か所以上の森を買い取り、今日に至っています。映画「となりのトトロ」の生みの親である宮崎駿監督もそうした協力者のお一人です。おかげでその50か所余りの森は、今では私たちの所有・管理するところとなり、一年を通じてさまざまな表情を見せ、訪問者たちを楽しませてくれています。

本書は、このトトロの森をめぐる物語です。なぜ私たちがこれらの森を守ろうと思ったのか、なぜ「トトロの森」と名づけたのか、何をしてきたのか、そして結果的に何を成し遂げてきたのか、これからお話ししていきたいと思います。

活動が出発したばかりの頃、詩人の工藤直子さんが『あっ、トトロの森だ！』[*1]（徳間書店、１９９２年）という素敵な本を著してくださいました。工藤さんは私たちの基金の担い手たちに丁寧にインタビューをしてくださり、熱気がむんむんする設立当初の私たちの姿を書き残してくださっています。それに対して本書では、当基金の活動を担ってきた私たち自身の手でトトロの森の履歴を描きました。本書をお読みいただければ、狭山丘陵を訪れる一人でも多くの方に本書を手に取っていただければと願い、準備してきました。本書をお読みいただければ、なぜ今ある森が今ある形で存在しているのかを、理解することができるでしょう。そして、その森をさらに後の世代にまで引き継いでいくには何をすればよいのかを、考える手がかりになってくれるのではないか、と心密かに期待している次第です。

新型コロナウイルスの流行が世界中の人々を巨大な苦難のなかに引きずり込みつつあるこの春、トトロの森の木々はいつものようにまぶしいほどに輝いています。人類が自然とともに生きるという希望をこれからも引き継いでいくことを心から願って、私たちは本書を社会に送り出します。

（安藤聡彦）

［寄稿］トトロのふるさと基金へのメッセージ

宮崎　駿（トトロのふるさと基金顧問）

50年ほど前、私たち夫婦は現在の所沢市上安松に住みつきました。二人とも都内育ちでしたが、押し出されるように狭山丘陵近くへと流れついたのです。道路はぬかるみ、放棄された桑畑は虫だらけ、近くを流れる柳瀬川は下水そのものの汚水川で生きものの姿はなく、公害のまっただ中に自分たちもたれ流しに参加したのでした。

それでも、古い村の風情がそこかしこに残っていました。訪ね歩くとうっそうと樹の繁った小径や、真新しい千羽鶴のさがるお地蔵さまが辻々にありました。ハケ（編注：崖《がけ》を指す古語・方言）の上に出るとまだ生きている耕地がひろがり、おもわぬ解放感を味わうことができます。雑木林もまだ若く、新緑の頃の美しさは息をのむようでした。

田はまさに耕作をやめて、色あせた農薬散布注意の紙片がたっているだけでしたが、子どもたちにはよい遊び場になっていました。

一寸家から足をのばして、狭山丘陵の東端の八国山《はちこくやま》の麓まで行くと、大谷田んぼの広々した空間とそこを流れる小川にはまだザリガニがいました。

ほんの短い期間でしたが、子どもたちは親たちが東京杉並の神田川のほとりで味わったのと同じ体験ができたのでした。その大谷田んぼが住宅地に開発されると知ったとき、子どもたちがどれほど残念がったことか。それは同時に、大人社会への不信の源になって子どもたちの心に深くささるのをどうすることもできませんでした。

でも、開発を惜しむおもいは新来の私たちより、地元で生まれ育ち、暮らしてきた人々の方がはるかに強いのではないかと思います。

開発寸前の干上がった田んぼの跡に、わずかに残る水路をアミでさらっているとき、地元の方とおもわれるお年寄りが自転車で通りかかりました。その方は自転車を降りて息子たちに近寄り、どじょうの採り方を教えてくれたのです。泥に空気穴のあいているところを掘ると、丸々とした黄色い腹のどじょうがゴロゴロ出てきました。あっけにとられるほどの大漁でした。

「こうやって、昔はどじょうをとったものだよ」

お年寄りは笑顔で息子たちに話しかけ、自転車へもどって行きました。もう息子たちは覚えていないかもしれません。いくばくかのお金で田や山を手放さざるを得なかった人々の無念のおもいは、自然破壊の反対を叫ぶ自分たちよりはるかに強いのではないかと思うことがあります。

「トトロのふるさと基金」が、東京都側の狭山丘陵南面の47号地を購入した時、家内と散策がてら見に行きました。斜面に密生したアズマネザサの隙間から、立川方面の平野の広がりが見えました。海までつづく沖積平野が見えるところまで、トトロはたどりついたのです。トラスト活動は、まさにこれからですが、たくさんの人々の努力に心をゆさぶられる瞬間でした。

第1部 トトロのあゆみ

コラム I

雑木林とは何か

人の営みによってつくられた景色

狭山丘陵を最も印象づける景観は、コナラ、クヌギなどの落葉広葉樹からなる雑木林です。この雑木林が成立する過程を人の営みが始まった旧石器時代からたどってみたいと思います。

丘陵北部に所在するお伊勢山遺跡（**資料1**）では3万年前の石斧《せきふ》が出土しています。その周辺には、モミなどの針葉樹やケヤキなどの冷温帯性落葉樹林が生い茂り、人々は少人数で集まり、大樹の下で雨をしのぎ、たき火で暖をとり、動物たちを追い求めながら狩猟生活を続けていました。まさに森林生態系の構成要素として自然とともに暮らしていたのです。

温暖な気候の縄文時代がやってくると、人々は照葉樹や落葉広葉樹の混在する森林に囲まれた「ムラ」で定住生活を始めました。同じく丘陵北部に所在する比良《ひら》遺跡では多くの縄文土器や石器が見つかっており、シイ、カシ、ナラ、トチなどのドングリを主食とした採集生活が営まれていたことがわかります。やがて、原始的な農耕が始まり、自然への干渉が始まります。

〔資料1〕　お伊勢山遺跡（狭山丘陵の北部・所沢市三ヶ島地域）

弥生時代から平安時代にかけては斜面部の森林伐採が進み、ヒエ、アワ、キビなどの焼き畑が盛んになりました。また平安時代初期から、丘陵の谷から流れ出る豊富な湧水を利用して始まった稲作は、人口の増大とともに低地部に広がっていきました。

中世に入ると森林の伐採がさらに進み、優先種[*1]だったモミが伐採され、コナラ、シデ、ムク、エゴなどの落葉広葉樹林が成立しました。ここに初めて雑木林の原型を見ることができるようになります。中世から近世にかけてはさらに森林伐採が進み、潅木[*2]を混じえた草地的な景観が出現しました。この時期、武蔵野台地でも照葉樹の森は完全に破壊され、耕地と肥料供給地である「まぐさ場」(原野)に姿を変えています。

近世に入ると、武蔵野は新田開発に伴って、原野から次第に畑地やコナラ、クヌギなどの雑木林に変わっていきます。入間郡三芳町上富と所沢市中富・下富にまたがる三富新田《さんとめしんでん》では、人為的にコナラやクヌギの種子を播き、苗木を育てて雑木林に仕立てたことが伝えられています。一方、丘陵の雑木林は、原生林として維持してきたコナラを選択的に育成し、作り上げてきた林と考えられています。雑木林では、定期的な下草刈りや落ち葉掻き[*3]、あるいは15年から20年の伐採サイクルによって生活に必要な燃料や

*1 生物群集で、量が特に多く、その群集の特徴を代表し決定づける種。植物では群落の最上層を形成し、他の構成種に影響を与える。

*2 低木のこと。

*3 畑の肥料となる腐葉土とすべく、落ち葉を掃いて集める作業。

肥料が生産されてきました。このたゆまない手入れによって雑木林は3世紀近くにわたって人々の生活を支えてきたのです。

このように、最終氷期に成立していた冷温帯性落葉樹林が温暖化とともに照葉樹林へと移っていく中で、縄文人や弥生人の手入れによってかろうじて生き残ったのが雑木林です。

一方で雑木林は氷河期の遺存植物であるカタクリやニリンソウに棲息の場を与え、コナラやクヌギなどを食草とするシジミチョウの一群であるゼフィルス[*4]など多様な生命を育んできました。つまり雑木林は人間の活動のみによって作られたものではなく、氷河期から現在に至る自然環境の変遷を経て形成されたものなのです。それは、いったん失われてしまうと容易には再生できない自然生態系であることを意味しています。

現在、農用林としての役目を終えた雑木林はこの数十年の間に大きく変貌し、かつての豊かな生物相[*5]を失いつつあります。私たちは、地域の生物多様性を維持するために、新たな自然とのつながりを模索し、良好な雑木林を次世代に残す試みを続けていかなければなりません。（対馬良一）

＊4　日本には25種類が生息しており、すべて年1回初夏から盛夏にかけて出現し、樹上をすみかとして卵で冬を越す。ゼフィルスとはラテン語で、ギリシャ神話に登場する西風の神様のこと。

＊5　環境を同じくする場所または地理的に画された一定の地方に生活しているすべての生物の種類。

Ⅰ　雑木林が博物館

(1) 狭山丘陵は動植物の宝庫

雑木林博物館とは?

狭山丘陵の自然そのものを博物館とみなし、保全する場所であるとする構想、それが雑木林博物館です。ここでは生きものの暮らしぶりをリアルタイムに見ることができます。植物は季節とともに成長し、花を咲かせ実を実らせ葉を落とします。動物はいきいきと動き回り、食べたり食べられたり、生まれたり死んだりしています。そんな瞬間に立ち会えるのがこの博物館の醍醐味です。

雑木林博物館の四季

四季の移ろいにつれてさまざまな形や彩りを見せる雑木林。早春、木々が芽吹く前の林床[*1]では、つかの間の陽光を浴びて花々が咲きほこります。やがて木々は思い思いに若葉を伸ばし、雑木林は日々膨らんでいきます。

＊1　森林の中の地表面のこと。

梅雨を迎えるころ、うす暗くなった林床では白い陶器のようなギンリョウソウが立ち上がります。そして盛夏、２度目の若枝を伸ばした林はいよいよ緑を濃くし、林縁[*2]では、ヤマユリの花が香ります。

秋も遅くなってから、ようやく雑木林の紅葉が始まります。コナラ、クヌギの褐色のキャンバスにヤマザクラの赤やアオハダの黄が映え、林は美しく彩られます。ふたたび光が差し込むようになった林の中では赤、紫、黒などの木の実が光り、林床にはあちこちでキノコが顔を出します。

やがてすっかり葉を落とした冬の林は木々のシルエットが重なり、落ち葉を踏みしめながらドングリを拾うことができます。さまざまな形をした木々の冬芽を動物の顔に見立てながら散策するのもささやかな楽しみです。

雑木林博物館の植物

狭山丘陵に生育する植物（シダ植物と種子植物）の種数は１０００種を超え、関東平野と近隣の丘陵で記録されているものの約70％に及ぶとされています。どうしてこんなに多くの植物が見られるのでしょうか。それは東京都民の水がめである二つの人造湖（狭山湖、多摩湖）とそれを取り巻く種々の森林、そして丘陵のあちこちに点在する大小さまざまの湿地といった多様な植生が存在するためです。

森林の大部分を占める雑木林を一つ取り上げても、標高や地形の違いによってコナ

＊２　森林と周囲の草地等が接する境界部分。林内と異なる動植物の生息が見られる。

ラやクリを主とした林やコナラにモミが混じった林、アカマツが混じった林など変化に富んだ植生が存在しています。萌芽更新[*3]（**資料1**）や落ち葉掻きが最近まで続いていた明るい林があったり、長い間人の手が入らずにカシなどの自然林へ移りゆく林など、遷移[*4]過程の異なるものが存在しているためです。湿地もかつては水田として利用された後に放棄されたものですが、放棄された時期が異なると、林と同じように遷移過程の異なるものが存在することになります。雑木林と水辺がミックスした環境、それが雑木林博物館の大きな特徴です。

雑木林博物館の動物

丘陵の春はカエルたちの目覚めから始まります。1〜2月、暖かい雨の後などに田んぼや水路に産み落とされた丸い卵塊はアカガエルのもの。3月末、雑木林の北向き斜面にカタクリが咲く頃、水辺に現れるのはヒキガエル。近くの林や茶畑から続々と水辺に集まってきたヒキガエルはにぎやかな蛙合戦《かわず》[*5]を繰り広げます。5月、田んぼのあちこちからコココッ、コココッという声が聞こえてきます。目を凝らして声の主を探してもなかなか見つけることができません。シュレーゲルアオガエルです。ようやく目覚めたヤマカガシがシュレーゲルアオガエルをくわえて水面に顔を出していることがあります。両生類は、林と水辺の環境で生息する代表的な動物です。

初夏、水辺ではオレンジ色の翅《はね》を持つヒガシカワトンボやヤマサナエ、サラサヤン

＊3　20〜30年ごとに根本から木を伐採し、切り株から生えてきたひこばえをふたたび育てる伝統的な雑木林の管理方法［資料1］。

＊4　一定の地域の植物群落が、それ自身の作り出す環境の推移によって他の種類へと交代し、最終的には安定状態へと移っていく過程。

＊5　産卵のために池に集まった雌カエルを求めてたくさんの雄カエルが争う様子。

マがとび始めます。冷たい湧水がしみ出る谷戸の崖地で幼虫時代を過ごしたムカシヤンマがひょっこり姿を現し、捕虫網を持った人の肩に止まったりします。

白いクリの花が匂う頃、ゼフィルスと呼ばれるシジミチョウのなかまが姿を現します。早朝、靄《もや》が立ち込める湿原の上をオレンジ色の花びらのようなウラナミアカシジミ（**資料2**）が舞います。雑木林の緑が濃くなり、ミドリシジミが青い宝石のような翅を反射させて飛翔し始めます。

夏の宵にはヘイケボタルやゲンジボタルが光り、近くの雑木林ではカブトムシやクワガタ、キシタバのなかまが樹液に群がっています。大きなオニヤンマが林道のなわばりを行ったり来たりして、美しいブルーの複眼を持つマルタンヤンマが夕刻に人家に飛び込んできたりすると盛夏です。寝苦しい夏の夜、湿地からアマガエルやトウキョウダルマガエルの大合唱が夜通し続きます。

コオロギの輪唱が秋の到来を告げる頃、休耕田では、日本で一番小さなネズミのカヤネズミが巣作りを始めます。オギやカヤ（ススキ）の葉を裂いて作られた丸い巣はまるでゆりかごのようです。初夏に田んぼで羽化して、夏の間、山で過ごしたアキアカネが産卵のために再び湿地に戻ってきます。澄みきった秋空に数えきれないほどの群れが乱舞するさまは秋の代表的な風物詩です。

秋から冬にかけて、葉を落とした雑木林では、にぎやかな鳴き声とともに小鳥たちの群れが梢の間を飛び回っているのに出くわします。群れをよく見ると何種類かの小

［資料2］　ウラナミアカシジミ。アカシジミのなかまの幼虫は、コナラ、クヌギなどの新芽を食べるため、萌芽更新が行われなくなった雑木林から減りつつある。

鳥が混じっていることに気づきます。シジュウカラやヤマガラなどのなかまにエナガ、メジロ、そしてコゲラが加わった「混群」です。それぞれ雑木林の異なる空間でエサをとる様子が興味深くながめられます。冬季には、狭山湖や多摩湖にガンカモ類をはじめとして多くの水鳥が羽を休めています。狭山湖は、カンムリカイツブリの関東地方最大の越冬地となっています。長い首のこの水鳥が群れをなして水中にもぐるさまは圧巻です。

時おり、湖面の水鳥を狙ってオオタカが上空に姿を現します。タカやフクロウなど、森の生態系の頂点を占める猛禽《もうきん》類の種類が多いことが狭山丘陵の自然の豊かさを示しています。

首都圏の都市近郊にありながらこれほど豊かな自然が残されていることは奇跡と言ってもよいでしょう。その自然に直に触れることによって子どもたちは感性をみがき、自然のしくみを学ぶことができるのです。であるからこそ、雑木林博物館の役割はこれからもますます重みを増していくことでしょう。

（対馬良一）

(2) 早稲田大学進出問題から雑木林博物館構想へ

えっ、あの早稲田が来る!?

狭山丘陵に早稲田大学の新キャンパスが建設される[*1]という驚くべき情報を耳にしたのは、1980年の初めの頃でした。狭山丘陵の北側にある所沢市三ヶ島・堀之内地区が建設候補地になったのです。それまでは、1977年の西武松ヶ丘団地開発計画や1978年の椿峰土地区画整理事業など、東京都心から距離的に近く、鉄道の駅からも近い場所が主に住宅開発の適地として狙われ、自然環境が破壊されてきました。

しかし早稲田大学の建設計画地は、これまでの流れを覆すともいえる都心から比較的遠い所沢市三ヶ島・堀之内地区でした。最寄りの駅まで直線距離で5㎞以上もあります。情報に接したときは、「まさかここに」「何でここに」というのが率直な感想でした。

私たちがこの情報を得た時点より1年ほども前になりますが、早稲田大学が非公式に用地の斡旋を所沢市長に依頼したときに、市長は三ヶ島・堀之内地区を示したようです。[*2] 西武鉄道が所有する土地がまとまって存在していたことが大きな理由と考えられます。西武鉄道にとって三ヶ島・堀之内地区は、ゴルフ場や公園墓地などのいくつ

＊1　早稲田大学所沢校地計画面積37万6713㎡（約6割が農地）うち西武鉄道所有地14万4013㎡（約4割）。出典：「早稲田大学所沢校地開発計画 説明会資料」1983年3月26日のうち土地利用計画図

＊2　早稲田大学文学部浜口研究室「大学進出に伴う地域社会の変容（その1）」1986年3月、130ページ

かの開発計画が次々に頓挫して、活用する目途が立っていなかった土地であったことから、「渡りに船」的な話だったのではないかと思われます。

１９７９年８月には地元である三ヶ島・堀之内地区に立地計画が伝えられ、翌年２月には所沢市と三ヶ島農協を中心にした早稲田大学誘致推進団体「早稲田大学三ヶ島進出対策委員会」が発足しました。地権者の意向取りまとめや売買価格の交渉などを担う役割を持ったこの委員会が動き出すことで、行政と地元が一体となった早稲田大学誘致活動が始まったのです。

以後、所沢市と地元は誘致に邁進していきました。その背景には農業の衰退が挙げられます。東京への通勤圏内である三ヶ島・堀之内地区では、労力のかかる水田耕作や畑作の魅力は薄れ、加えて相続税や管理面での重荷が次第に大きくなっていきました。後継者となる若い人が勤め人になって農業から離れていくようになると、とりわけ有用性が失われてしまった山林はできるだけ早く売り払いたい、と考える地権者が多くなるのは必然だったのでしょう。土地を高く売れる機会がせっかくめぐってきたのに、大学進出に反対して水を差す「よそ者がしている自然保護運動」に対して、地元では反発する声が強くあったようです。[*3] 特に地権者を中心にして、「土地を持たないよそ者が勝手なことを言っている」という意見があったこと[*4]は否定できません。

しかし１９８７年に行われた三ヶ島・堀之内地区での住民意識調査を見ると、開発を望む意見よりも自然を大切にしたいという意見のほうが多い、という結果でした。[*5]

＊３　「狭山丘陵の開発と変化」第10集、早稲田大学人間科学部人間基礎科学科、２０１３年、17ページ

＊４　早稲田大学文学部浜口研究室「大学進出に伴う地域社会の変容（その１）」１９８６年３月、１３５ページ

＊５　早稲田大学文学部浜口研究室「大学進出に伴う地域社会の変容（その２）」１９８７年３月、１０３～１０６ページ

「大学誘致」は必ずしも地域の総意ではなかったようです。声の大きな有力者が、行政や企業の思惑とあいまって進めてきた、というのが実態だったと思われます。

貴重な生きものがたくさん

計画地とされた三ヶ島・堀之内地区は、明るく伸びやかで開放的な里山でした。なだらかな丘の頂上部には畑や果樹園が広がり、低湿地には水田が作られていました。それらを取り囲むように雑木林や杉林が広がっていて、こうした多彩な環境が多様な生物の生息地となり、現在の基準からすると「絶滅のおそれのある」とされる貴重な生きものがたくさん確認されていたところだったのです。

早稲田大学が来るとの情報を得てまず動いたのは、埼玉県野鳥の会（当時）[*6]の会員たちでした。狭山丘陵を自らの野鳥観察のフィールドとして足繁く通い、親しんでいた場所だったので、開発計画で失われてしまう宝物の大きさを強く敏感に感じ取ったのです。伝えられる計画区域を地図上に落とし込んでみると、大事な湿地をはじめとする里山環境がことごとく失われてしまうことがわかりました。この環境のすばらしさをきちんと調査し、取りまとめて多くの人たちに伝え、開発計画の見直しを求めていきたい、と考えました。

１９８０年３月20日から、埼玉県野鳥の会は、確認できた鳥の数を記録するセンサス調査を始めました。踏査ルートは計画地を網羅するように設定しました（約３・

＊6　１５０ページ脚注参照

６５㎞)。調査は、午前6時35分にスタートして、２時間程度ゆっくりした歩き方でルートをたどり、午前8時35分に終了です。よく晴れた早春の丘陵は朝のすがすがしい空気で満たされていました。オオタカやトラツグミなどが確認され、合計34種類の野鳥が見られたことは、この地の自然環境の豊かさを物語っています。*7 以降、月に１〜2回のペースで調査を行い、１年半継続して調査した結果を「狭山丘陵所沢市三ヶ島地区（早稲田大学進出計画地）における野鳥生息実態調査報告書」として取りまとめ、１９８１年9月に発表しました。

貴重な昆虫もたくさん確認されました。計画が明らかになった１９８０年7月には、国立科学博物館から専門家を招いて調査し、貴重種のコオロギであるキンヒバリなど多数の昆虫が確認されました。特に造成工事によって喪失する計画のある「お伊勢山」東の湿地には多く生息していることがわかりました。

ムカシヤンマというトンボは、原始的なライフサイクルを持つ日本特産種で、環境庁（当時）が全国で動物分布調査を行うに当たって指定した「指標昆虫」となっていました（**資料1**）。そのムカシヤンマがB地区*8の湿地に生息していることが確認されたので、１９８２年10月に私たちは埼玉昆虫談話会と一緒に環境庁長官に面会し、貴重な昆虫の保護対策を要望しました。

埼玉昆虫談話会では、１９８３年5月から早稲田大学B地区湿地周辺の調査に本格的に取り組み始めました。*9「早稲田大学が調査を続行しないなら、うちの会で独自に

［資料1］ ムカシヤンマ

＊7 その日に確認された野鳥は、オオタカ、クイナ、ミソサザイ、ルリビタキ、トラツグミ、アトリ、ウソほか。
＊8 大学立地計画上、東半分の区域をA地区、西半分をB地区という。B地区には良好な大規模湿地が残されていた。
＊9 牧林功『雑木林の小さな仲間たち』埼玉新聞社、１９８５年7月、20ページ

三ヶ島の調査をやろう、というアマチュアの心意気」で「キャンパス予定地に生息する昆虫を可能な限り記録して、多くの人に知ってもらう」ことを目的とした行動でした。チョウやガ、トンボなどの項目ごとに結果がまとめられていますが[*10]、たくさんの貴重な種が記録されたことによって改めて三ヶ島・堀之内地区の自然環境のすばらしさが証明されました。

連絡会議の発足と大学との交渉

三ヶ島・堀之内地区は、埋蔵文化財の包蔵地としても知られていました。そこを大規模に破壊してしまう早稲田大学建設計画は、日々猛烈な勢いで進行する狭山丘陵開発の象徴的な事態です。そこで、狭山丘陵の各地で自然保護・開発反対運動に取り組んできた市民たちは、自然保護と文化財保護の主張を合わせてこの問題に取り組むことにしました。

埼玉県野鳥の会、文化財保存全国協議会、狭山丘陵の自然を守る会、東村山の自然を愛し守る会などの団体及び個人が参加して、1980年4月に「狭山丘陵の自然と文化財を考える連絡会議」（以下、連絡会議）が発足しました。

その後、「狭山丘陵を市民の森にする会」（以下、市民の森にする会）が7月に発足しました。連絡会議は主として早稲田大学当局や県・市とのハードな交渉を担い、市民の森にする会は三ヶ島・堀之内地区の自然のすばらしさを広く市民に知ってもらう

＊10　「寄せ蛾記」増補第2号　埼玉昆虫談話会、1984年6月「所沢市三ヶ島の昆虫類調査報告（早稲田大学建設計画地の昆虫類緊急調査）」

目的のもとに散策会や講演会などを実施するソフトな運動を展開しました。

連絡会議は、早稲田大学との度重なる交渉の中で、当地の自然環境の調査と正当な評価を大学側に求めてきました。正しい調査に基づく評価が、教育研究機関である大学の立地に当たっては最低限必要だからです。何よりも、これほど貴重な三ヶ島・堀之内地区の自然を破壊することになるということへの認識、そしてそれは後世にまで早稲田大学の汚点として残ることを身に染みて理解しているのか、ということを突き付ける必要があったからです。そのうえで、狭山丘陵保全の取り組みを大学及び埼玉県に求めてきました。

しかし、大学側から提出された環境影響事前調査中間報告書では、「狭山丘陵の雑木林は原生林ではなく二次林であるため価値は高くない」とするなど問題のある記述がたくさん見られたことから、学術的な公開討論会の開催を大学に求め、県にはその立ち会いを要求しました。

公開討論会と批判書

1982年12月、浦和のさいたま共済会館で学術的な公開討論会が開催されました。早稲田大学から9人、連絡会議からは15人が出席し、5時間に及ぶ議論を行いました。その結果、大学側のあまりにもずさんな調査の実態が明らかになり、調査に不備があったことを大学側も認めざるを得なくなりました。

公開討論会にはたくさんの報道関係者が来ていました。翌日には大きな記事が掲載され、「中間報告で白熱5時間」「調査は不十分だった」「初の討論会 意見合わず」などの大きな見出しが躍りました。自然破壊が社会問題になっている中で有名大学が進めようとしている開発計画については、逐一マスコミで取り上げられ、その動向が大きな関心を呼ぶことになったのです。

計画地内にあるお伊勢山は、畑を中心とした土地利用がされていて、現在の比良の丘の辺りとたいへんよく似た、いかにも里山らしい風景がありました。

大学がまとめた調査報告書[*11]によると、お伊勢山にある雑木林は「(農的な)利用度が高く、常緑樹を欠き、下層に常緑樹の稚樹が少ない」ために評価が低いとし、保全上配慮すべき貴重な植物は見られないとの評価です。現在の認識ではおそらく貴重な環境と評価されるであろう、手入れの行き届いた雑木林が、当時は正反対の低い評価だったことに驚きを覚えます。この調査は2月に行われたものですが、もし4月頃であれば林床には貴重な春植物がたくさん確認されたことでしょう。自然の価値を正しく把握し評価することがいかに大事かを教えてくれる出来事です。

この低い評価は、「お伊勢山の開発やむなし」の方向に誘導する役割をもって出されたことは間違いありません。お伊勢山は大学の主要な建物を建設する予定地であり、その丘を大幅に削る計画となっていました。この調査と評価は、結論が先にある、まさに開発是認のための「作文」となっていたのです。

＊11 「早稲田大学立地が立地予定地とその周辺地域の環境に及ぼす影響についての事前調査中間報告書」早稲田大学、１９８１年11月、13〜14ページ

１９８３年3月には、こうした問題を明らかにした批判書を連絡会議が作成し公表しましたが、6月になって早稲田大学は「早稲田大学所沢校地環境影響評価報告書」を最終報告書として取りまとめ、県に提出しました。しかし、根本的な調査不備などの諸問題は改善されておらず、連絡会議は同年11月に『狭山丘陵は生きている――「早稲田大学所沢校地環境影響評価報告書」を批判する――』（**資料2**）を上梓《じょうし》して徹底的な批判を行いました。それ以前にも連絡会議は１９８２年5月に大学の事前調査中間報告書に対する批判書を公表しています。

このように、連絡会議は一貫して問題点を明確にし、事実に基づく正確で科学的な取り組みを大学や県に求めてきました。この思いから、広く社会の理解を求めるために1年半の間で3冊もの批判書を刊行し、新校地開発計画が抱える「環境配慮の不備」を指摘し続けてきました。

計画の見直し

早稲田大学の立地計画は、１９８０年8月に、第三次案と呼ばれる計画区域に変更がなされ、尾根筋に近い樹林地から北の方向（農地を主とするエリア）に移されました（**資料3**）。当初の計画区域（第一次案）は、狭山丘陵の中心部に当たる樹林地が多く含まれていて、県立狭山自然公園への影響の甚大さが問題視されていました。そのために知事は慎重な姿勢を示していたのですが、早稲田大学総長とのトップ会談

狭山丘陵は生きている

―「早稲田大学所沢校地環境影響評価報告書」を批判する―

1983年11月

狭山丘陵の自然と文化財を考える連絡会議

［資料2］『狭山丘陵は生きている――「早稲田大学所沢校地環境影響評価報告書」を批判する』狭山丘陵の自然と文化財を考える連絡会議、１９８３年11月

で線引きの再検討を要請し、その後作成された区域変更案（樹林地を比較的含まない区域への変更）を受けて、知事は次第に開発計画に前向きな姿勢を示すようになっていきました。

　変更後の案では、樹林地を外して農地を多く含む計画となったので、すでに山林の売り渡しを承諾していた地権者に混乱が生じました。山林を買い取ってもらえる当てが外れてしまったのです。そのためか、開発から取り残されたいくつかの山林は、大学開校後に建設残土[*12]の処分地として転売され、見るも無残に破壊されてしまいました。変更によって狭山丘陵の中心部に近いところまで開発される事態は避けることができましたが、変更に伴う対応策を行政側が用意してこなかったことから、逆に無秩序な破壊を呼び込むことになってしまったのです。

　また、農地が大量に開発される事態になったことは、大学誘致に走った市や地元の農協にとって農業への姿勢が問われることにもなりました。三ヶ島・堀之内地区の基盤産業である農業を切り捨てるのか、と批判されてもおかしくありませ

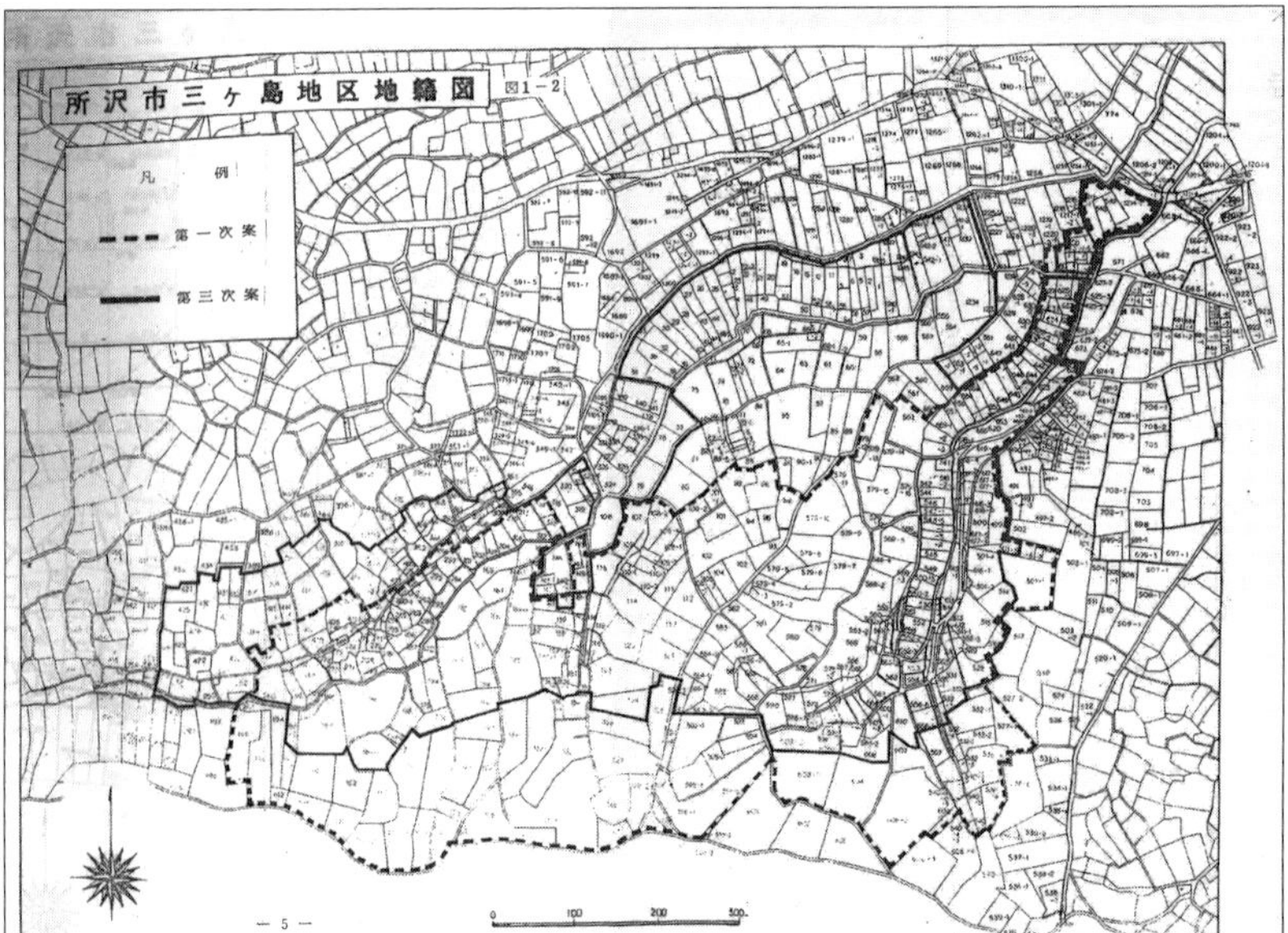

［資料3］一次案と三次案の地図

ん。加えて、農地の喪失によって、三ヶ島・堀之内地区の里山らしい美しい景観が失われてしまうことになります。

県知事の仲介で

1983年6月、早稲田大学は調査が不十分なまま最終報告書を埼玉県に提出し、県はアセスメントの審議会にこれを諮問したうえで、条件付きで大学立地を認める方向ですすめることになりました。この動きに沿って、1984年になると県から連絡会議に対して妥協点を探る話し合いが提案されることになります。

連絡会議としては、B地区の湿地にはサシバ*13やムカシヤンマなどたくさんの貴重な生きものが確認されていましたので、B地区の施設計画にあった馬場や厩舎《きゅうしゃ》を取りやめて、湿地の保全を図る必要があることを主張しました。加えて、大学立地区域外に広がる狭山丘陵全体の保全について、実効性のある総合的な対策を県として講じるべきであると訴えてきました。

1984年6月8日、畑和《はたやわら》埼玉県知事と面会した連絡会議は、「計画変更案は、不備な点もあり満足できる内容ではないが、やむを得ない」として受け入れを表明しました。B地区の施設計画の縮小によって湿地環境の保全が図られることは、狭山丘陵全体を守る立場から一応の評価ができる、と判断できたことが決め手となりました。

また、知事からは「当該地の周辺は県立狭山自然公園の区域でありますので、自然

＊12　地下鉄工事や建築工事などから発生した不要な土砂。
＊13　里山に生息する猛禽の一種。

公園条例に基づく特別地域の指定など、関係法令の活用が考えられます。この地域の特色を生かし、特に必要と認める場合には公有地化の手法等を含めて積極的に保全していきます」というコメントが出されました。これによって、5年に及ぶ早稲田大学所沢校地開発問題は、大学と県と連絡会議との間で一定の合意が成立することになりました。同年11月には起工式が行われ、工事が始まりました。早稲田大学所沢新キャンパスは1987年4月に開校しました。

雑木林博物館構想

知事が表明した「狭山丘陵の保全」に向けて、自然保護団体側からの具体的な提案を打ち出すために、1984年10月に「狭山丘陵を市民の森にする集い」を開催して、雑木林博物館構想のアウトラインを示しました。B5判見開き6ページのパンフレット（**資料4**）には、狭山丘陵の自然を生かしつつ利用することを基本にした雑木林博物館構想が示されています。現状凍結的な自然保護の考え方から一歩踏み出し、保全と活用を正面から取り上げた構想であり、対象地域は早稲田大学の計画地から西側のエリア、すなわち知事が言う「貴重な狭山丘陵の自然がわずかに残された」宮寺・堀之内地区としました。

それから2年間、たくさんの市民がさまざまな調査に取り組み、詳細なデータを集積したうえで、先の構想のアウトラインに具体性を持たせた冊子を1986年11月に

［資料4］ 雑木林博物館構想のパンフレット

刊行しました。Ｂ４判92ページに及ぶ「雑木林博物館構想」（資料５）は、市民が手弁当で行った多くの調査結果を基にして、議論と検討を重ねて作り上げたものです。植生の把握から始まり、野鳥や昆虫の生息状況、埋蔵文化財の包蔵地、周辺地域の人口動態や自然保護地域の分布状況など、多岐にわたる要素を織り込んだ画期的な構想となっていて、行政を含む自然保護関係者に高く評価されました。

これは、市民による市民に向けた保全構想という性格を持っていたので、所沢市や入間市で集会を開催し、構想の内容を説明し、保全の必要性をアピールしました。マスコミ各紙にも大きく取り上げられ、屋外の自然そのものを博物館とするオープンミュージアムの先進性が報道されたのです（資料６）。

埼玉県では、庁内に狭山丘陵保全検討委員会を設けて検討し、１９８５年に策定した県の中期計画に緑の森博物館構想を盛り込みました。「雑木林」と「緑の森」という題名の違いはありますが、ほとんど同じ内容の構想になっています。

この緑の森博物館構想は、それから10年後に具体化されます。さいたま緑の森博物館は、埼玉県による狭山丘陵の自然を保全する施策であり、雑木林を展示物としたオープンミュージアムです。その区域は、かつて雑木林博物館構想において保全対象として取り上げた宮寺・堀之内地区と同じところ

［資料５］雑木林博物館構想の冊子

読売新聞 1986.12.17

武蔵野を丸ごと残そう

「雑木林博物館」

自然保護団体が提案

狭山丘陵35平方キロ

「体験学習の場に」

［資料６］「読売新聞」記事、１９８６年12月17日付

です。

早稲田大学所沢校地開発問題で費やされた膨大な時間とエネルギーは、これに関わった市民や行政、大学などの意識を確実に前進させ、狭山丘陵の貴重な自然を守るために必要な行動への着手を促しました。その行動が緑の森博物館の実現という形で実を結んだのです。

（荻野　豊）

2　トトロの森うまれる　基金発足から1号地誕生まで

進む乱開発、むしばまれる自然

連絡会議と市民の森にする会は、早稲田問題に一応の区切りをつけたとはいえ、解決しなければならない問題が次々と出てきていましたから、狭山丘陵の自然保護に向けた取り組みを続けていくことになります。

早稲田大学の造成工事でお伊勢山は切り崩され、その土によって周辺の湿地は埋め立てられていきました。連絡会議などに集まる市民の努力を嘲笑するかのように、狭山丘陵の自然は、大学の内も外も、とどまることを知らず破壊されていきました。

「早くしっかり保全しないと狭山丘陵はことごとく破壊されてしまう」

埼玉県が取り組む保全の動きにはスピード感がなく、いつまで経っても狭山丘陵が良い方向に変化する兆しが見えないことに、苛立ちと焦燥感でいっぱいでした。

折しも世の中はバブル経済のただ中です。１９８５年のドル高是正のためのプラザ合意によって、円高が急速に進んでいきました。その結果としての輸出産業の苦境を救うため、日銀は金融緩和を重ね、空前のカネ余りと実態を超す資産価格の膨張（バブル）を招くことになりました。銀行は不動産がらみの融資を歓迎したので、際限のない投機が土地の値段を吊り上げ、また株価を高騰させていきました。

このような経済状況は、狭山丘陵に新たな問題を引き起こしました。あちこちに建設残土の処分場が造られたこと、資材置き場が丘陵の中にまで入り込んで乱立したこと、不法投棄された粗大ゴミが道沿いに山積み放置されたことです。

建設残土処分場による破壊

カネ余りの世情から、都内各地の建設工事は活気にあふれ、建設残土の捨て場所や建築資材置場の需要が高まってきました。ダンプトラックで運んで処分する場所として、狭山丘陵は格好の場所でした。都心から40㎞という手近な位置にあるうえに、比較的地価が安く、谷間のある地形は残土を投げ捨てるのに最適な要件を備えていたのです。

建設残土によって谷間に盛り上げられた「残土山」は、周りの尾根よりもうず高くなってしまったところもありました。たくさんのダンプトラックが列をなして丘陵周辺の集落に入り込み、激しい交通障害を発生させました。残土が捨てられようとする谷間には小さな池や湿地があって、ホタルやサンショウウオなどの貴重な生物が生息していましたが、大量の土砂で埋められてしまうようなことが起こります。加えて、往々にして土砂の中には有害な廃棄物が混入しており、残土山から染み出す水の汚染も問題です。

同時多発的に狭山丘陵のあちこちの谷間に残土処分場が造られましたが、特に早稲田大学の校地周辺に多く見られました。大学進出問題の経緯でも触れていますが、当初の建設計画区域から除外された土地が多く生じたことが原因の一つと思われます。「持ちヤマが売れると思って喜んだけれど、区域外になってしまった」「その後行政は何も対応してくれなかった」という思いが、地権者をして残土処分業者の申し出を受けさせるきっかけになったのだろうと思われます。

早稲田大学校地南東側に、1988年には8000㎡、翌年には5000㎡の面積を加えた大規模な残土処分場が造られました（**資料1**）。あわせて7万㎥の残土が持ち込まれることになります。10トンダンプで7000台以上に相当する膨

毎日新聞　1989年（平成元年）12月6日（水曜日）　埼玉西　（24）

埼玉西版

良好な雑木林が伐採され
建設残土捨て場用に造成

早大所沢キャンパス南東側の県立狭山自然公園内

自然保護2団体が県と市に
計画中止措置求める要望書

県は12日まで何らかの処分

［資料1］「毎日新聞」記事、1989年12月6日付

大な量です。甚しい自然破壊と生活環境の汚染を危惧した連絡会議と市民の森にする会は、埼玉県と所沢市に中止を求める要望書を出しました。係る事態は、行政による早稲田大学問題の処理が原因の一つとして生じたことを指摘し、計画中止と原状回復、公有地化を求めたのです。県では、自然公園条例に基づく中止命令を出しましたが、業者に無視されてしまったようです。その後、この場所では何回かの土砂崩れが起きるなどしたことから、狭山丘陵における残土による自然破壊の象徴的な場所となりました。

ダンプトラックで土砂を運び込めるくらいの幅員の道路に面している場所では、残土山が次々と造られました。時には狭い道しかないところでも、むりやり道を広げてダンプが通ってしまう乱暴なやり方も横行していました。暴力団まがいの業者がいたのは事実です。「ダンプ旗確認」という看板が今も狭山丘陵に残されています（**資料2**）が、狭くてわかりにくい丘陵内の道を、残土を運ぶダンプを誘導するためにつけられたものです。当時の様子を今に残す「遺物」といえるものかもしれません。

資材置き場の乱立

資材置き場は、それぞれは比較的小規模な面積ですが、その数が際立って多いことが問題です。２００９年度に行われた狭山丘陵での改変地（荒廃地）の把握調査[*1]によると、全部で78か所あった改変地のうち資材置き場は45か所を数え、建設時期は

[資料2] ダンプハタ（旗）確認

＊1 地球環境基金助成調査：２００９年「狭山丘陵における改変実態調査と自然復元の可能性について」14～16ページ

1984年から1989年までのものが最も多いとされています。

周囲道路[*2]に沿って資材置き場が集中して建てられていたり、休耕田の一部を埋め立てて造られたところもあります。自然環境への負荷もさることながら、緑豊かな森の中に造られた無機質な資材置き場がもたらす違和感がはなはだしく、業者が撤退した後も置き捨てられたままの資材がゴミと化し、またそれが新たなゴミの投棄を呼ぶ、というひどい状況を作り出していました。これもバブル景気がもたらした負の遺産といえます。

ゴミの不法投棄の問題は後ほど詳細に記しますが（115ページ参照）、特に周囲道路がひどいありさまでした（**資料3**）。あらゆる種類の粗大ゴミ、産業廃棄物、家具、自動車が延々と道路わきに捨てられていて、狭山丘陵はゴミで埋まってしまうのではないかと思えるほどでした。丘陵最深部の金堀沢（現在では立入禁止）にもバイクや家具などが捨てられており、どうやって運んだのかと不思議に思える事例もありました。

都水道局の配水池建設

緑の森博物館構想を実現するために、連絡会議が埼玉県当局と交渉を重ねている最中の1988年に、東京都瑞穂町石畑の水源林内に都水道局が大規模な配水施設を建設する計画が明らかになりました。1・3ヘクタールの樹林を伐採し、有効容量3万

［資料3］ゴミの不法投棄

＊2　狭山湖・多摩湖の水源林の周囲をめぐる東京都水道局が管理する通路。

m^3の配水池を建設するというものです。詳しくは「狭山丘陵から告発1　東京都水道局の配水池建設に関する都労働経済局報告書批判」参照（**資料4**）。

計画には、おかしいと思えることがいくつも指摘できました。

第一に、計画地は鳥獣保護区特別保護地区となっていて、原則として開発行為は禁じられているはずです。行政が率先してその禁を破っていいのか、という疑問です。

第二に、オオタカの営巣が確認されている場所に近いことから、オオタカへの影響の度合いが問題になります。影響は軽いと言いたいがために、水道局は計画地から営巣場所までの距離を実際よりも遠く表示していました。

第三に、この計画がもたらす影響を調査検討する委員会が都庁内に作られましたが、委員の人選も含め「結論先にありき」としか考えられない委員会運営がみられ、自然への影響を真剣に調査検討した形跡は確認されませんでした。

連絡会議としては、この計画の矛盾点を指摘する公開質問書を提出するなどしましたが、結局配水池建設工事は強行されてしまいました。しかし、早稲田問題と同じように、行政が行う公共事業であっても、開発をゴリ押しするやり方に市民が強烈にノーを唱えたことは、新聞などで大きく取り上げられることになりました。

雑木林シンポジウム開催

激しく吹き荒れる開発の波に危機感を深めた私たちは、この現状を広く知らせ、と

[資料4]「狭山丘陵からの告発1」1989年1月

もに行動する仲間を募るためにシンポジウムを開催することにしました。１９８９年4月、市民の森にする会と連絡会議の共催で「雑木林シンポジウム」（副題：雑木林の保全方策を探る）を企画し、町田市野津田や三浦市小網代などからの活動報告とパネルディスカッションを行いました（**資料5**）。主催者による基調報告の冒頭の一部分を、以下に引用します。

「雑木林は今、まったくの不要物となってしまったかのようである。

雑木林がつぶされていく勢いは恐ろしいばかりだ。雑木林の真ん中に幹線道路が引かれると、その周辺はあっというまにトラックターミナル、ガソリンスタンド、中古車センターなど自動車に関わる業務の用地になっていく。そこから少し離れた雑木林には、ゴミが不法投棄されたり、犯罪の発生場所になったりする。そんなマイナスイメージがつみかさなって、雑木林からいよいよ人を遠ざけていく。

巨大都市東京は、人や金や物を際限もなく飲み込んで膨張し、豊かな農村地帯であった武蔵野の肥沃な大地に対して、食料を求めるかわりに住宅用地を求め、ゴルフ場や墓地や大学やゴミ捨て場を求めた。恐ろしい勢いで土を殺し、水を汚していった。すべての命の源泉である土と水。その土がどの程度肥沃であるかが土地のあらゆる価値の根幹であるべきなのに、そんなことよりも、その場所の位置と広さに絶対的な力を認めるようになってしまった。

［資料5］「雑木林シンポジウム」冊子

このような状況のなかで、雑木林の未来にどのような展望が描けるというのだろうか」

この文章には、当時の危機意識が色濃く漂っています。各地の報告からも、雑木林に代表される自然を今守らなければ、という意識が強まっていることがうかがえました。それほどまでに、バブルに踊らされた時代の狂気のような自然破壊の動きは、人々の願いを押しつぶす波になっていったのです。

ナショナル・トラスト活動の立ち上げへ

早稲田大学や都水道局といった大規模な組織が相手であれば、あるいは開発の規模が大きく行政の許可が必要なものであれば、たとえ力及ばずに敗れたとしても、相手との直接交渉や行政への働きかけなどで、わずかでも成果をあげることができます。しかし、資材置き場のような小さな開発行為には、同じ手法は通用しないことがわかってきました。行政の許可が不要の場合が多く、情報を事前に把握することができず、対策の取りようがないのです。

緑の森博物館構想で最も重要なセンター施設（現在の案内所）の建設予定地に、資材置き場でよく見られる塀が突然建てられました（**資料6**）。塀の裏側を覗くと、コンクリート・ガラの混じった土砂が運び込まれていました。「いよいよ、ここもやられ

［資料6］ 緑の森博物館案内所予定地に突然建てられた塀

てしまう」という不安と怒りがこみ上げてきました。早稲田問題のだいじな決着点が緑の森博物館の実現だったのに、それすら破壊されてしまいそうな事態に直面したのです。これについては、すぐに県に伝えて対処してもらいましたが、行政任せでなく自分たちでも対処可能な方法を探っていく必要があることを痛感しました。

そんな、ヒリヒリするような危機感を抱きながら、１９８９年の秋に連絡会議の活動などでいつも顔を合わせるメンバーが集まり、何かいい方法がないか、と話し合っていたときのことです。

「ナショナル・トラスト活動ができないだろうか」

「知床とか天神崎で話題になっているやり方だね」

「自分たちで土地を確保してしまえば、そこは完全に守れるわけだし」

「でも、土地を買うお金はたいへんな金額になるだろうから、無理じゃないの」

「寄付を呼びかけることで、小さくても、一つだけでもいいから、森を買えるといいな」

「どうすればいいのかまったくわからないけど、少し勉強してみようか」

この頃はまだインターネットという便利なものはなかったので、必要な情報を入手するために「ナショナル・トラストを進める全国の会」に問い合わせてみると、全国でさまざまな活動が行われていることがわかりました。そのうち、前年に発足したばかりの「柿田川みどりのトラスト」の事例を調べていくと、少しずつ希望が湧いてくる感覚がありました。活動の具体的な形が見えてきて、これならできるのではと思ったのです。

早稲田問題のときに、地元の地権者から「土地を持たないよそ者が何を言うか」と反発されたことが、いつまでも胸に強く刺さっていました（29ページ参照）。自然を守ることは、土地をどう使うかという私有財産権につながります。私たちは、市民自らが協力して土地を持つことで、その自然を守ろうと主張する強い力を発揮できると考えました。市民の思いを寄付として集約し、寄付金で土地を取得する努力がとても大事だ、と。ただ、寄付を集めること自体がかなり難しいことなので、何かインパクトのある呼びかけができるかどうかが鍵だと感じていました。

その年の7月だったでしょうか、テレビで宮崎駿監督の映画「となりのトトロ」が放映されました。私はたまたまそれを見ていて、強く感動しました。所沢市在住の宮崎監督が映画で描いた光景が、かつての狭山丘陵そのものだったからです。守りたいもの、取り戻したいものは、すべて「となりのトトロ」の中で確認することができました。

この感動を仲間との集まりで話したところ、やはり同じように映画を見ていたなかまからすぐに共感の声が上がりました。

「私たちの思いをこれほど見事に表しているものはほかにない」

「トトロは、私たちの活動のシンボルとして最高のものだね」

「人と自然が仲良しだった頃の懐かしさと安心感を伝える映画のメッセージは、私たちの思いと同じものだよ」
「トトロと一緒に頑張ることができれば、私たちの目的は叶うかもしれない」

トトロのふるさと基金の誕生

トトロを私たちの活動のシンボルにさせてもらいたい、ということで意見が一致し、とにかく宮崎駿監督にお願いしてみようということになりました。私はその頃、監督の奥様の宮崎朱美さんとは、所沢市が作成する「所沢の自然」写真集[*3]の編集企画に一緒に携わっていましたので、そのかすかなご縁だけを頼りに、思い切って電話をかけました。1989年11月の終わり頃でした。

狭山丘陵で始めたいと考えているナショナル・トラスト活動のシンボルとして、「トトロ」を使わせていただきたいとお願いしたところ、電話口に出られた宮崎駿監督は簡単に「はい、いいですよ」と承諾してくださいました。あまりに簡単にオーケーをいただいてしまい、少し拍子抜けした感はありましたが、もっと詳しく話を聞いていただくために、スタジオジブリに伺うことにしました。

1989年12月4日、当時、JR中央線吉祥寺駅近くの繁華街にあったスタジオジブリを、共に活動する仲間と二人で訪ねました。その日は雨が降っていたと記憶しています。緊張しながら宮崎駿監督とプロデューサーの鈴木敏夫さんにお会いして、私

＊3 「こんなところにこんな生きもの 所沢の自然」 1991年3月、企画・発行：所沢市

たちが考えていることのあらましを説明しました。そうしたら、「トトロ」を運動の名前に冠することや、いくつかのトトロのイラストレーションの使用を認めてくださいました。セル画と呼ばれる、映画の場面を写したシートを何枚かいただくこともできました。駅に向かう帰り道では、二人ともほっこりした感覚になり、にこやかな笑顔を取り戻していました。

その年の暮れの12月23日に、狭山丘陵ナショナル・トラスト立ち上げの準備会合が開かれました。場所は、所沢市小手指にワンルームマンションの一室を借りて開設したばかりの埼玉県野鳥の会西部事務所でした。市民運動を立ち上げるときに、常に使える場所が確保できているかどうかは大変重要なことですので、スタートできる環境が絶好のタイミングで作られていたといえます。

狭山丘陵の保護運動の現状を全員で確認した後に、ナショナル・トラスト活動の仕組みや各地の実践例を学習しました。そして、12月4日のスタジオジブリ訪問の報告をしたのち、私たちが目指す運動の形を考えました。活動の名称は、案①として「狭山丘陵市民基金」、案②として「トトロの基金（狭山丘陵トラスト）～トトロの森を守ろう～」が提案されました。今後の活動計画として、トトロのイラストを使ったパンフレットの作成や、狭山丘陵を歩く会などの開催などが挙げられました。これらの案は、年明けに今後のナショナル・トラスト活動を一緒に担っていくメンバーで委員会を構成し、検討し、そこで決めていくことにしました。

12月23日に開かれた準備会合は、連絡会議、市民の森にする会、埼玉県野鳥の会の三者というこれまでと同じ顔ぶれでの話し合いだったのですが、もっと幅広く、より多くの新しい人材が必要だと考え、三者とは別枠の委員会を立ち上げることにしたのです。

年が明けて1990年1月6日、第1回の委員会が開かれました。いよいよナショナル・トラスト活動の立ち上げです。以後、委員会の会議の様子は「トトロ通信」としてメンバーに配布されることになりますが、当時の様子がわかる貴重な記録が詳細に記されています。「トトロ通信」第1号（**資料7**）を見ると、運動の名称を「トトロのふるさと基金」とし、委員会の名称も「トトロのふるさと基金委員会」になりました。ただ、これよりもふさわしいと思われる名称が出てくれば変更の可能性もあるとされました。なんとなく頼りなさそうな様子がうかがえますが、その後、別の名称は提案されず、今に至ります。

トトロのふるさと基金は、連絡会議、市民の森にする会、埼玉県野鳥の会が幹事団体となって設立したもので、トトロのふるさと基金委員会がナショナル・トラスト活動に関するすべての企画立案、実施を担います。委員長には荻野豊（筆者）、事務局長に大庭健二

トトロ通信 No. 1 Page 1

トトロ通信　N o . 1
第1回狭山丘陵トラスト委員会（仮称）報告

日時：1990年1月6日 PM1：00－3：30
場所：（財）埼玉県野鳥の会西部事務所（小手指）
内容：
1．運動の名称
「トトロのふるさと基金」
※よりふさわしい名称が出てくれば変更の可能性もあります。案として外に「狭山丘陵トトロ基金」「トトロ基金　狭山丘陵」「狭山丘陵市民基金」、「狭山丘陵トラスト」「狭山丘陵ナショナルトラスト」「・・トラスト」が出されました。また、名称中に“雑木林”を入れては、という意見もありました。
2．組織構造
幹事団体：（財）埼玉県野鳥の会
狭山丘陵の自然と文化財を考える連絡会議
狭山丘陵を市民の森にする会
寄付受け入れ窓口：（財）埼玉県野鳥の会（了解済み）
3．目標とする金額、時期、場所等
金額：1億円
時期：打ち上げから2年後
場所：未定（イメージとしては所沢市堀之内、八幡神社論謡地及びその周辺の雑木林のような場所）
4．委員会の設置
名称：「トトロのふるさと基金委員会」
※運動の名称が変更されれば同時に変わります。
委員：昨年12月23日の会合で発表した方々。
範囲：当運動に関する全てのことがらを企画し、実行に対する責任を持つ。
※実行担当者は適宜選任されます。委員会内部の場合も外部の場合もあります。
委員長、事務局、会計：
委員長　：荻野　豊
事務局長：大庭健二
※副委員長、事務局担当、及び会計担当は後日決定されます。なお、委員長はあくまで対外的なものであり、決定権を持つというものではありません。全ては委員一人ひとりが意見を出し討議した上

トトロ通信 No. 1 Page 2

で決定されます。会計担当は広報など運動に直接関わる経費の処理をします。事務局長はいわば雑用係です。委員会の役割と幹事団体との関係については簡単な覚え書きを作成する予定です。
5．今後の活動の具体的な企画と日程、その推進態勢
1990年3月中旬　新聞発表
〃　4月中旬　打ち上げイベント（屋内）
〃　4月22日　〃　（野外）
※詳細なタイムスケジュールは次回の会合までに事務局が作成する予定です。
6．その他
※外にも「東京都も埼玉県も狭山丘陵を保全する意向を示しているのに何故ナショナルトラスト運動なのか？について明確な回答を用意すべきでは」「狭山丘陵が何故“トトロ”なのか？について共通の認識を常に持つべき」「“トトロ”というキャラクターを使うに当たり、かえってデメリットにならないか」「広報活動は新聞やTVのみでなく、生協、銀行等も考慮し、持続的な運動を展開すべき」「寄付者に常に現状を伝達する方法は？」「News Letter、年1回の報告会を行うべきか」「地権者と直接的な接触を保持すべき」「他の市民団体に積極的に呼びかける」等について意見が交換されました。

★次回の委員会は1月20日（土）、午後7時から小手指公民館分館（同封の地図参照）にて行います。是非ご出席ください（夕食の用意はありません）。
※今回初めての場所です（電話：0429-48-8780）。ご注意ください。原則として日中行うということでしたが、次回は出席者の都合上夜間になりました。ご了承ください。
※議題は次を予定しています。
（1）会計担当の選任。
（2）呼びかけ人、顧問について。
（3）タイムスケジュールに沿って具体的な予定表作成。
（4）その他。
以上

「トトロのふるさと基金委員会」
事務局　大庭健二
〒188　田無市芝久保町1-7-13-514
Tel: 0424-64-5768

◎会則で決める（次回）

［資料7］「トトロ通信」第1号

さんが選出されました。「トトロ通信」には、注釈として「委員長はあくまで対外的なものであり、決定権を持つというものではありません」「事務局長はいわば雑用係です」とあえて記載しています。フラットな組織を目指す、市民運動特有の思いから出た言葉です。

活動の目標として、1億円を目指し、2年後をめどに土地を取得する、としました。取得する場所のイメージは、所沢市糀谷八幡湿地と周辺の山林が大きさとしてもちょうど合うのではないかとし、堀之内の辺りも望ましいとの意見が出されました。4月には立ち上げイベントを行うことにして日程も検討されました。

最初の委員名簿には22名が名を連ねました。そのうち15名は所沢市民で、立ち上げまでの経緯や事務局の所在地などの兼ね合いから必然でした。年齢層は20代から40代までが多く、名簿を見ただけで元気いっぱいのパワーを感じます。狭山丘陵の保護運動にはそれまであまり関わっていなかった人の名前も見えます。新しい運動には新しい力がなじみやすいということに加え、トトロを旗印にしたことで若い人を引き付ける力が備わったのではないかと思います。

「行政が狭山丘陵を保全していくと表明している中で、市民がなぜナショナル・トラストを始めるのかを明確にしないといけない」

「トトロというキャラクターを使うことのデメリットはないのだろうか」

「狭山丘陵がなぜトトロなのか、みんなで共通認識を持つべきだ」

「寄付者に現状を報告する方法をどうするか、しっかり考えたいね」
さまざまな意見が出され、狭い事務局は熱気であふれていました。

立ち上げに向けて

2回目の委員会が1月20日に行われました。出席者は14名。委員の拡充をすることや発表の日程などを決めています。また、トトロのふるさと基金の主旨に賛同していただいたうえで、この運動の呼びかけ人を依頼したいと、著名な方の名前を出し合いました。吉永小百合さんやC・W・ニコルさんなどの名前が挙げられました。著名人の名前を借りることで社会的な信用を得たいという思いからでした。
1月23日、スタジオジブリを再訪して、宮崎監督、鈴木敏夫さんと相談しました。

荻野　呼びかけ人を選ぼうと思うのですが、どなたか適任の方がおられたら教えていただけませんか。

宮崎　いや、そうした呼びかけ人は意味がないと思いますよ。むしろマイナスなんじゃないかな。狭山丘陵のことを何も知らない人に、名前だけ借りるというのは賛成できません。
地道に、泥臭く、地域に密着した運動を進めることがだいじだと思います。もっと自分たちのやろうとすること、やってきたことに自信を持ったほうがいい。

荻野　立ち上げのイベントを検討しているのですが、できましたらそこで講演していただけませんでしょうか。

宮崎　いやぁ、イベントはみな同じだから、それは勘弁してください。

土地の価格は高いので、寄付金の一口は１００万円くらいにしたほうがいいんじゃないですか。それくらいにしないと、土地を買う本気さが見えてこないですよ。

宮崎監督の思慮深い発言に心打たれました。特に呼びかけ人のことは、安直に流れがちな私たちの態度に活を入れられたような気がしました。

トトロのふるさと基金の骨組みを構築する取り組みが続きます。規約の検討、寄付額の単位の検討、そして立ち上げイベントの日時や内容などが話し合われました。そのほかにも、寄付を呼びかけるパンフレットや振込用紙、寄付者へのお礼状の作成も必要です。月に2回のペースで委員会を行い、準備作業の進み具合を確認したり、新しい問題を話し合うなどしました。委員は分担した役割をフル回転でこなしていきました。常勤の事務局が存在しないために、すべてまったくのボランティア活動です。もちろん、各人それぞれの仕事や学業をこなしながら。

発足記念イベントの内容が決まりました。4月22日の午後、早稲田大学所沢キャンパスの200人規模の大教室を借りて開催することになりました。狭山丘陵の動植物や美しい景色をVTRで紹介し、連絡会議代表委員の戸澤充則さんによる記念講演の後に、トトロのふるさと基金の内容などを説明し、発足宣言をするというスケジュールです。当日の午前には、いくつかの団体が狭山丘陵を歩くイベントを計画していました。新緑に彩られた丘陵の散策を楽しんでから記念集会に参加するのです。その一つ、埼玉県野鳥の会入間支部では、狭山丘陵ウォークラリーと銘打って、小手指駅から白旗塚と三ヶ島・堀之内をめぐって歩き、早稲田大学をゴールとしたコースを設定しました。今でもよく使われる、歩きやすく楽しいコースです。

大きく報道されて

少しさかのぼって、4月12日にプレス発表を行いました。ナショナル・トラスト活動をするからには、広く社会に向けて呼びかけることで、私たちの趣旨を大勢の人たちに理解してもらわなければ寄付は集まりません。その意味からたいへん大事な機会です。埼玉県庁の記者クラブに向かった9人は、緊張の面持ちで発表の場に臨みました。できあがったばかりのパンフレット（資料8）や趣意書を配って説明したのですが、何しろ初めての経験なので、記者からの質問にうまく返答できたかどうか自信が持てないまま予定の時間が過ぎてしまいました。でも、記者の反応はおおむね好評のように見えました。

［資料8］当時のパンフレット

その足で環境庁の記者クラブに向かい、そこでも同じような説明をしました。ただ、こちらは記者の姿が少なくて、話を聞いてくれていた記者も所用があるのかすぐに席を立ってしまいます。これにはとても落胆して、環境庁からの帰りの足取りはたいへん重かったと記憶しています。しかし、翌13日の新聞各紙は予想を超えた取り扱いをしてくれていました。各紙とも全国扱いの紙面で大きく取り上げてくれたのです。主な新聞の見出しは次のようなものでした（**資料9**）。

- 朝日新聞：高い地価「待てぬ」狭山丘陵 買い取りに乗り出した「トトロ基金」
- 毎日新聞：「トトロの故郷守れ」狭山丘陵でトラスト運動　まず基金集め1億円
- 読売新聞：狭山丘陵の自然守ろう 土地買い取りの基金開設
- 日本経済新聞：狭山丘陵の自然保護へ トトロふるさと基金
- 埼玉新聞：狭山丘陵保全トラスト運動GO！「トトロのふるさと基金」開設

これらの記事の反響はとても大きく、電話の問い合わせがその日だけで、200件もありました。翌日、委員会が開かれましたが、その日も午前だけで150件の問い合わせがありました。急きょ電話番にあたるボランティアのローテーションを組みました。一人ではトイレに行くひまも

1990年（平成2年）4月13日（金曜日）　毎日新聞
狭山丘陵でトラスト運動
「トトロの故郷守れ」
まず基金集め1億円

1990年（平成2年）4月13日（金曜日）　日本経済新聞
狭山丘陵の自然保護へ
トトロふるさと基金

［資料9］基金設立を報じる新聞記事（上：「毎日新聞」1990年4月13日付、下：「日本経済新聞」1990年4月13日付）

ないほど電話が鳴り続けるので、どうしても複数のスタッフが必要になったのです。

「新聞で読みました。もう少し詳しく教えてください」

「寄付をしたいのですが、どうすればいいですか」

折り返しパンフレットと振込用紙を送る旨を伝えるのですが、数が多くなると発送作業もたいへんです。平日の日中に事務所に詰めて電話を受けるボランティアは、送り先をノートに記載しておきます。それを、仕事帰りに事務所に寄ったボランティアが、封筒にパンフレットなどを詰め、宛名を書いてポストに投函するという作業をほぼ毎日続けることになります。封筒の数が多くなったときには、処理に3時間以上かかることも珍しくありません。そうなると帰宅は深夜になってしまいます。

記念集会

記念集会の当日はあいにく曇りがちの天気でしたが、7つの団体が催した歩く会に参加した人たちが、丘陵のあちこちから早稲田大学を目指して元気に集まってきました。報道の効果で多くの参加者が見込まれたため、急きょ会場を約2倍の、350人規模の大きな教室に変更しました。実際、参加者は230人になったので、変更したことは正解でした。記念のプレゼントが当たる抽選会を楽しむなど、なごやかな雰囲気のうちに集会は終了しました。

集会の最後には、発足宣言が読み上げられました。

きょう、私たちは、それぞれのスタート地点から、狭山丘陵を歩いてここに集いました。

今、丘陵に吹く風は、私たちに何を語りかけているのでしょうか。

私たちは、今までさまざまな形で狭山丘陵と関わってきました。首都圏に残された緑の島といわれる狭山丘陵は、その豊かな自然で、訪れる人々にいつもやすらぎを与えてくれました。

しかし、かつて子供たちが遊んだ田んぼは消え、美しい雑木林には心ない人によるゴミの不法投棄が後を絶ちません。建設残土が谷を埋めつくし、開発の波は、この緑の島の岸を休むことなく洗い続けています。

効率と経済的利益が最優先する現代社会にあって、狭山丘陵もあえいでいるのです。今、手をこまねいていたら、遠からず、この緑の島も、開発の手によって穴だらけになってしまうでしょう。狭山丘陵と長く関わってきた私たちにとって「今なんとかしなければ」という想いは日に日に募り、また、もどかしさも日々大きくなっています。

そんな時、アニメーション映画「となりのトトロ」が私たちに勇気を与えてくれました。そこには、人々の暮らしが自然とともにあった時代の姿が、すがすがしく描かれていたのです。この映画の舞台が狭山丘陵であるということに力を得て、私たちは新たな挑戦をすることにしたのです。

１９９０年4月22日、きょうはアースデーです。カリフォルニアからの呼びかけをうけて、世界の１００か国以上で「たった一つの地球」「われら共通の未来」を合言葉に、多彩な行動が起こされていることでしょう。そして、日本の狭山丘陵からも新しい取り組みが歩き出しました。狭山丘陵ナショナル・トラスト〝トトロのふるさと基金〟です。

「となりのトトロ」が日本の人々に感動を与え、共感を呼び起こしたように、「トトロのふるさと基金」へ寄せる私たちの熱い思いが、人から人へと伝わり、大きな力となることを願い、今、ここにその発足を宣言いたします。


息つく暇もなく、私たちは次々と直面する仕事に忙殺されました。予想を上回る反響があったことから、寄付金の受付などの事務処理に追われ、うれしい悲鳴を上げていました。取材の申し込みは、新聞、テレビ・ラジオ、行政、団体など多数に及びましたので、分担して対応していくことにしました。

ナショナル・トラスト活動の実際

立ち上げから1か月が経ち、寄付者の数は１６４３人、寄付金額は３１００万円を超えました。申し分のないスタートダッシュが切れたと言えます。ただ、事務処理面で混乱も多く生じました。寄付者へのお礼状を、誤って同姓の別の方に送ってしまったことがありました。「不特定多数に向けて寄付を募っておきながら、そのずさんさと無責任さに驚く」という抗議が届きました。たくさんのボランティアスタッフが関わっているにもかかわらず、情報の伝達がうまくいっていないことが原因の一つと考えられました。処理の流れを確認し共有するとともに、次のボランティアへの申し送り事項を明確にする必要がありました。

ナショナル・トラストは寄付金で土地を買い取る活動ですので、一般的な市民運動とは大きく異なる部分があります。経済的な視点からの分析と冷静な判断が求められる場面も生じてきます。また、ボランタリーな力に頼る活動であっても、お金に関する部分では重い責任が生じています。ボランティアであることを言い訳にはできません。よほどの覚悟がないと続けることが難しい活動だ、とも言えるでしょう。

表紙に「現金受付帳　1」と記された古びた大学ノートが残されています（**資料10**）。当時、委員会が事務所にしていた部屋に常備されていたものです。寄付金の受け取りの記録がびっしりと書き込まれています。事務所に直接持ってきてくださったり、現金書留で送ってくださったりして受け取ったお金や、イベント時に集まったお金もあります。さまざまなルートで寄せられた寄付金の収受が記録されています。このノートを見ると、あらためてナショナル・トラスト活動の崇高な理念と責任の重さが実感できます。膨大な人々の狭山丘陵保全への熱い想いが、手に取るように浮かび

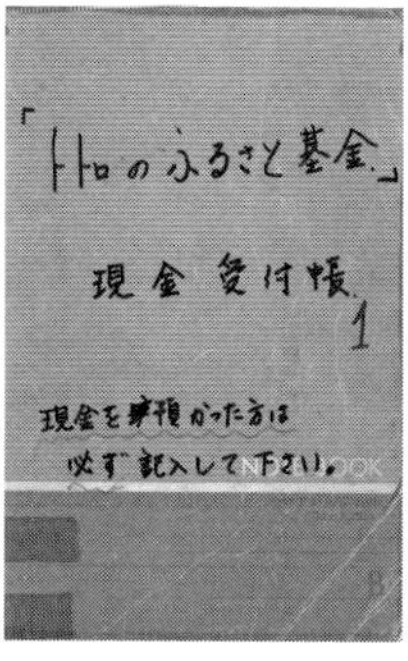

［資料10］　現金受付帳　1

上がってきます。

寄付者へは領収書としての登録証（**資料11**）を送ることにしていました。名前などの情報のPCへの入力が必要になるのですが、一日平均で100件以上となると、かなりの作業量になります。それが数日分も貯まってしまうと悲劇です。担当したボランティアが深夜まで入力作業をしていたとき、突然パソコンがロックしてしまい、300人分のデータが一瞬で消えてなくなってしまったこともありました。呆然とするしかありません。

3か月が経過した時点で、寄付者は4834人、寄付金額は5400万円以上となっていましたので、そのことを記者クラブで発表しました。

活動経費の工面

3か月経つと、ようやく落ち着いて活動環境を見つめることができるようになりました。ナショナル・トラスト活動を進めていくうえで、いろいろな経費がかかってきます。パンフレットの作成も、郵送も、事務用品の購入にも少なからぬお金がかかります。その費用をどう工面するか、発足3か月後の委員会で初めて検討したのです。この頃になると寄付金はある程度の額になっていましたので、その預金利子を事務経費に充てることにしました。当時の預金の金利は、7％ほどと今と比べるとかなり高かったのです。

［資料11］　登録証

それ以前は、事務所の部屋代は幹事団体の埼玉県野鳥の会が負担し、それ以外の費用は市民やスタッフ自身のカンパ、あるいは市民団体などからの拠出金が頼りでした。運動に関わるスタッフの人件費はまったく計上されておらず、遠方に呼ばれて行く講演などの場合でも、交通費は原則自腹でした。ただ、学生など事情がある場合や委員会で個別に認めたケースには支払うようになりました。

トトロのふるさと基金の立ち上げ準備の時点（1990年2月）から91年4月までの1年2か月間の会計報告を見ると、支出はパンフレットや「トトロのふるさとだより」の印刷に180万円、郵送料に150万円、消耗品に50万円などで、合計は約440万円でした。それに見合う収入としては、基金の利息が190万円、寄付金やカンパの170万円、講演謝金の30万円が主なもので、収入源としてはまだまだ頼りない状態でした。

1991年5月の委員会で、宮崎監督からありがたい申し出があったことが報告されました。オリジナルのトトロの絵を4枚描いてくださること、それを自由に使ってもかまわないというお話でした。早速オリジナルグッズ作成の検討に入り、Tシャツ、絵はがき、バッジ、ステッカーの制作に取りかかりました。8月に販売を開始したトトログッズは好評を博し、収益を以降の活動経費に充てることによって、収支のバランスは大幅に改善しました。

子どもたちからの手紙

数多く届けられる寄付金が入った書留郵便の中には、子どもたちからの手紙が添えられていることがあります。その内容がとてもすてきなので「本としてまとめておきたい」という思いがスタッフの間に広がりました。

「自然破壊がどんどん進んでいることは知っていました。だから、なにか自然を守るためにできることがないかなあ、と思っていました。新聞を読んで、これだっ！と思って千円札をお小遣いから出しました」（小学6年生の女の子）

「自然保護運動には限界があるのではないかと絶望していましたが、こんな素晴らしい方法があることを知ってうれしい」（高校生）

「私の一番の悩み事は環境問題です。このままいけば21世紀の地球はなくなっているのではないか。そんなことになってほしくないから、少ないけど寄付します」（12歳の女の子）

そこで、スタジオジブリに相談したところ、徳間書店により書籍化されることになりました。詩人の工藤直子さんに執筆していただき、トトロのふるさと基金委員会が協力する形で本づくりが始まりました。工藤さんは、狭山丘陵を自ら歩き回り、スタッフから話を聞くなどの取材を重ねて、1992年1月に徳間書店から単行本『あっ、トトロの森だ！』が出版されました（資料12）。トトロのふるさと基金の活動がやさしい言葉で書き記されており、活動の詳細にわたる重要な記録になっています。

また秋には、狭山丘陵のすばらしい自然風景をまとめた写真集の企画が動き出しました。「狭山丘陵を市民の森にする会」編集で１９９１年10月に発売された『狭山丘陵四季物語』（資料13）です。プロ並みの腕を持つ地元のアマチュア写真愛好家に呼びかけて作成したものですが、写真は無償提供していただき、写真集の収益は基金の活動経費に充てられました。

各地で開かれる「となりのトトロ」の上映会や講演会に呼ばれたり、「トトロのふるさと音楽祭」の準備を進めたり、狭山丘陵見て歩きイベントを毎月開催したりと、体がいくつあっても足りないくらいの忙しさに加えて、本の制作にまた時間がとられることになり、委員は大忙しの日々を送りました。

寄付者にたよりを送る

この頃になって、寄付者にトトロのふるさと基金の現状を報告することの必要性が話し合われました。寄付の状況をお知らせするとともに、狭山丘陵を保全するという目的はどの程度まで進んでいるのか、行政の動向とあわせて報告することが大切だと考えました。１９９１年１月１日付けで発行した「トトロのふるさとだより」（以下「たより」）第１号の表紙には、宮崎駿監督が描き下ろしてくださった絵が掲載されて

［資料12］『あっ、トトロの森だ！』工藤直子、１９９２年、徳間書店

［資料13］『狭山丘陵四季物語』狭山丘陵を市民の森にする会編、１９９１年10月９日、大月書店

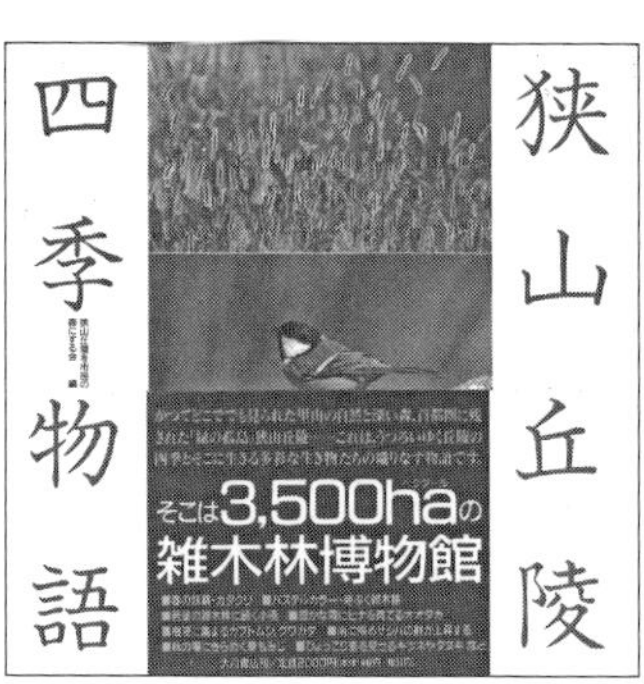

います。「みなさんありがとう」というメッセージが入った絵です（資料14）。

「たより」は回を重ねるごとに発行部数が増えていきました。１９９２年８月発行の第４号はなんと８４００通。公民館の和室一部屋を借りて、封筒に詰める作業を委員と協力者で行ったことがありましたが、終わる頃はヘトヘトに疲れてしまいました。続いてそれを郵便局に持ち込み、料金別納のスタンプを押すという作業もしなければならず、丸一日かけて膨大な量の郵便物と格闘したことは、強い記憶となって残っています。

「たより」第1号の巻頭言で表明したように、私たちはナショナル・トラスト活動としての具体的な成果を早く示さなければなりません。取得する土地のイメージを委員みんなで共有して、土地取得に関する情報を集める努力をなお一層強めることにしました。ただ、土地の取得はたいへん難しいことです。当時は土地神話が根強く、大事な資産である土地をかんたんに手放したりはしないのが一般的でしたし、ましてや市民団体が土地を買うなど想定外のことだったので、地権者宅に伺って土地を譲ってくださいとお願いしても、話を聞いてもらえずに断られてしまう有様でした。そうしたことで時間ばかりが過ぎ去っていき、最初の土地の取得は「たより」第1号発行から半年以上後になってしまいまし

トトロのふるさとだより

第１号
1991年1月1日発行
トトロのふるさと基金委員会

トトロがすめる森を守ろう
トトロのふるさと基金委員会

◆できごとロジー◆

イベント予定

［資料14］「トトロのふるさとだより」第1号

た。

1周年記念ウォーキング

１９９１年５月３日、トトロのふるさと基金の１周年を記念したウォーキングイベントが行われました（資料15）。Ａ・Ｂ・Ｃ３つのコースで狭山丘陵を歩き、それぞれがゴール地点とした瑞穂町の六道山公園を目指す内容です。

Ａコースは東村山市の武蔵大和駅に集合して東京都側の狭山丘陵を歩きます。

Ｂコースは所沢市の西武球場前駅から埼玉県側の狭山丘陵を歩きます。

Ｃコースは武蔵村山市の岸田んぼから自然観察をしながら六道山を目指します。

昼食後には１周年記念の集会が行われ、基金からの報告や「となりのトトロ」の主題歌などを歌うアマチュア合唱団の演奏がありました。

絶好の季節に加えて天気もよく、たくさんの参加者で狭山丘陵は大にぎわいとなりました。特にＢコースにたくさんの方が集まり、５６０人もの参加者が記録されています。西武球場前駅の広場は人であふれ、参加費の徴収や当日資料の地図の配布もままならないほどでした。パニック状態だったと記憶しています。今思い出してみると恐ろしさに身震いが起こります。事故が起こらなくてほんとによかった、と。

なんとか出発しましたが、細い山道や里の野良道を５００人以上の人たちが歩くさまは一見の価値があります。先頭で道案内しながら、ふと振り返って見ると、どこま

【資料15】 1周年記念ウォーキングのチラシ

でも長く、長く、参加者の列が続いていました。参加者は各々のペースで緑がまばゆい木々の美しさを楽しみながら歩き、集会が開かれた六道山にたどり着いたのでした。そこには合わせて１０００人以上の人が集まりましたので、まるで人で埋め尽くされたかのようでした。

墓地計画に対抗して1号地取得

１９９０年11月、所沢市上山口の雑魚入《ざこいり》の樹林地で東福寺別院建築と墓地開発が計画され、一部で工事が始まっていたことが明らかになりました。[*4] バラ園の造成という名目の裏で大規模な墓地を造る計画で、無届けの埋め立てや名義貸しの問題も確認されたことから、連絡会議は東福寺に開発中止を申し入れ、市に要望書を提出するなどの開発反対運動に取り組みました。

西武松ヶ丘住宅地開発や椿峰土地区画整理事業という大規模開発が次々と進行している中で、雑魚入の樹林地はこれ以上の開発の進行を抑える防波堤と位置付けていました。またここは、いきものふれあいの里事業の重要な地域として計画されていましたので、この点からも自然を破壊する大規模墓地計画を認めるわけにはいきませんでした。

連絡会議の反対運動と歩調を合わせて、トトロのふるさと基金では雑魚入樹林地内にトラスト地を確保して、墓地計画に強いプレッシャーをかけようと考えました。そ

＊4　詳しくは『狭山丘陵からの告発』２　東福寺別院建築と墓地造成問題に関する批判書　１９９２年４月

の目的で1991年2月に当時の中井眞一郎所沢市長と会見し、土地取得にあたって市の協力をいただきたいと申し出たのです。市長は、トトロのふるさと基金と市が連携することで解決の道を探りたいとし、緑化基金の取り崩しも考えている旨の発言がありました。

市の事務担当者との打ち合わせでは、墓地計画地とされた区域内の土地所有者情報が提供されました。計画区域内には開発事業者とは違う何人かの別の地権者が交じっています。そこを抑えることができれば、墓地は造れないだろうとの狙いがありました。このような思いのもとに2つの土地を取得候補地として絞り込み、市とトトロのふるさと基金それぞれが地権者に関する情報収集に努めることにしました。

結果としてこの2つの土地はどちらもトラスト地として取得することができませんでしたが、市の姿勢は高く評価できるものでした。ただ、それまで市が緑地保全に積極的だったということはまったくなく、やはりトトロのふるさと基金の活動が社会の関心を大きく集めている事実を無視できなくなったから、ということだと思います。

その後の打ち合わせで、相続が生じた別の地権者に係る情報が示されましたので、委員会で検討してこの地権者と取得交渉を始めることにしました。地元の情報に詳しい委員の関口浩さんに事前交渉をお願いしました。地権者が山林を手放す意思の有無を探り、手放すのであればぜひこちらに譲ってほしい、と伝えてもらうのです。

関口さんの回想です。

上山口の川辺地区に何回か足を運んで話をするときに、自分は市内のどこの地域に住んでいる人間であるかを最初に話し、この地区の知り合いの名前を数人出し、自分の勤務先（所沢市役所）を話すと心がほぐれ、立ち話から打ち解けてお茶が出てくるまでになっていきました。「○○さんの家は、ヤマがあるが金に困ってないから無理」とか、「△△の家で親父さんが亡くなったから聞いてみな。俺の名前出していいから」と言われ、それが結局1号地の取得へと結びつきました。

市長とは7月に再び会見し、この地権者との間で2筆の山林について取得交渉を進めていることを報告しました。市長は、そのうちの面積が大きいほうの山林を市で公有地化し、トトロのふるさと基金がもう片方の山林を取得できれば理想的だと表明しました。トトロの森の周辺地を市で買い取って保全し、トトロのふるさと基金の活動を支援していくこともあわせて示されました。市長から協力の意向が明らかにされましたので、私たちはこの山林を取得することに決めました。

取得候補地は北向きの斜面にある雑木林です。向かい側の南向き斜面の雑木林は皆伐されてしまっています。墓地計画に先立って、地権者がすべての木を切ってしまったからです。委員10人ほどで当該地を視察しましたが、最近誰も歩いていないらしく道は夏草に覆われてわかりにくいうえに滑りやすくなっていました。

価格面で地権者と折り合いがつき、1991年8月3日に土地売買の仮契約を結び、手付金を支払いました。そして8月8日に正式な契約を結び、翌9日にプレス発表を行ったのです。トトロの森1号地[*5]はこのようにして誕生しました（**資料16**）。

行政を動かす

1991年9月1日発行の「たより」第2号では、トトロの森1号地の買い取りに成功したことを伝えています。

1号地は、クヌギやコナラが生えている雑木林です。スギの大木も見られます。すぐ近くには堀口天満天神社があり、トトロがそっと顔を出してくれそうな、そんな気がするところです。あきれるほどに高い値段がついている狭山丘陵の土地ですが、9千人にもおよぶ人の力が集まれば、まとまった土地が買えるのです。そして、おおぜいの人たちの協力で土地が買えたという事実の重さが、行政をも動かそうとしています。

1号地の取得成功は、きわめて大きな出来事だったといえます。立ち上げから1年と4か月の時間が必要でしたが、取得した

＊5　トトロの森1号地：埼玉県所沢市上山口雑魚入、1182・88㎡、1991年8月8日取得［資料16］。

場所の選定も取得時期も当を得たものでした。その効果は、単に1182㎡の山林の保全にとどまらず、トトロのふるさと基金の委員の活動をますます勇気づけることになりました。また、トトロのふるさと基金が大きな注目を集めて以降ずっと成り行きを注視していた行政が、私たちへの評価を大きく変えることにもなりました。取得対象とする土地の選択をはじめとして、所沢市と綿密な打ち合わせを行いつつ進めてきた今回の土地取得によって、連絡会議の墓地反対運動を側面から支援することができました。

しかし、1991年秋に行われた市長選挙によって市長が代わり、齋藤博新市長は雑魚入の保全に向けた決断を躊躇《ちゅうちょ》しているように見えました。そこで、1992年3月、トトロの森1号地周辺の公有地化をすみやかに進めるよう要望し、7月1日には連絡会議や市民の森にする会とともに市長と会見することができました。

市長は「トトロの森1号地周辺の自然は、狭山丘陵の保全の拠点です。所沢市としては、保護地区の指定を進めるとともに、土地を公有化するなどして守っていきたいと思います。そのため、霊園の造成は認めない方針ですし、お寺の建築計画についても、その土地を市が買い取ることで建築をやめるように地権者に働きかけています」と表明しました。

こうして雑魚入樹林地での墓地開発計画は中止になりました。1992年に市は、計画跡地を2億6000万円で買うこととし、1号地の数倍もの広さの樹林地（4007㎡）が保全されることになりました。さらには、1号地を取り囲む3万3837㎡もの広大な樹林地を、さいたま緑のトラスト基金が1994年から翌95年にかけて、15億8700万円を投入して取得しました。所沢市が取得した樹林地と合わせると、1号地の30倍以上もの面積が保全されることになったのです。

トトロのふるさと基金という市民によるナショナル・トラスト活動は、その先見性と類まれなる行動力で狭山丘陵の保全に大きな一歩を記すことになりました。子どもたちを含む多くの寄付者の想いが小さな森の取得に結実し、またその想いが行政の力を動かして、次々と森が大きく広がっていったのです。まるで水面に投げ入れた小さな小石の波紋が広がっていくさまを見るようでした。

（荻野　豊）

3　トラスト地広がる

(1) 2号地・久米の森

1995年10月、「核都市広域幹線道路構想*1」に反対する集会を開いたときに、一人の参加者から声を掛けられました（資料1）。

*1　さいたま市から東京都の立川・八王子まで結び、想定ルートは狭山丘陵の真ん中を通過するとされる高規格道路の建設構想。詳しくは『狭山丘陵からの告発4　核都市広域幹線道路を批判する』1996年7月参照［資料1］。

その方は、お父さんがお亡くなりになったことに伴う相続税の負担に悩んでいました。市街化区域内に６３５２㎡の山林、市街化調整区域内に１５６２㎡の山林を所有していましたが、所沢駅から直線距離で約２㎞の場所にあり、西武松ヶ丘住宅という高級住宅地に近い場所であったことから、税務署から推定8億円以上というたいへん高額な評価額を示されていました。

相続税を支払うためには、所有する雑木林を売り払うしか方法はありません。しかし、それでは昔から親しんできた雑木林が開発されて失われてしまうと考えて、市に保全緑地として買い取ってもらいたいと申し出ました。しかし、すべて市に買ってもらえるとは思えないので、一部はトトロのふるさと基金で買ってもらえないか、ということでした。

１９９1年8月に1号地を取得してからすでに4年が経過し、寄付金の積立額もある程度大きくなってきていました。次のトラスト地実現を待ちわびていた矢先のことであり、期待に胸をふくらませて、さっそく現地に行ってみました。松ヶ丘住宅地の北側に連なる丘陵地の尾根道を歩くと、鳩峰公園の緑地と一体となった雑木林が広がっていました。コナラやアカマツが生育する典型的な武蔵野の雑木林でした。

地権者と市の担当者を交えた打ち合わせを何回か行い、１９９6年1月に次のような結論を得ることができました。

［資料３］　トトロの森２号地：所沢市久米八幡越、1711.97㎡、1996年４月10日取得

［資料２］　トトロの森２号地取得関連図

相続した雑木林のうち、地価が高い市街化区域内にある雑木林2000㎡（評価額はおよそ3億円）を市に寄付することを前提に、2420㎡は市が3億円を上限にして買い取る。市街化調整区域内の約1712㎡はトトロ基金が約5600万円で購入する。残りの雑木林2194㎡はトトロ基金と地権者とで覚書を結んで現状のまま保全する（**資料2**）。

地権者と市とトトロのふるさと基金の3者が、それぞれの役割を果たし、負担を分かち合うことによって、今回の相続で対象となったすべての雑木林を保全することができました。市としては、同様の事例が今後も相次ぐことが想定されることから、最良のモデルケースにしたいということでした。

トトロの森2号地（**資料3**）の取得は、高額な相続税の負担をきっかけに開発されるおそれがある雑木林を守るために、複数の関係者が応分の負担をすることで最適な解決策を見出した事例です。ナショナル・トラスト活動の大きな力を示す取り組みになりました。

(2) 3号地、15号地、48号地・チカタの森

1998年4月、トトロのふるさと基金が「財団法人トトロのふるさと財団」（以

［資料4］　トトロの森3号地：所沢市上山口チカタ、1252・10㎡、1998年5月26日取得

下、トトロ財団）となり、翌月、トトロ財団として初めて取得したのがトトロの森3号地でした（**資料4**）。この森は、1号地に向かう散策道の入り口に面しています。地権者の事情から手放されることになりましたが、民間業者に渡って開発されてしまうと、この地域一帯の緑が分断されてしまいます。近くにはトトロの森1号地のほか、さいたま緑のトラスト基金[*2]の雑魚入樹林地があり、官民挙げて保全に努めてきたこれまでの取り組みに水を差すことにもなります。地権者から買い取り要望がありましたので、2号地で成功した方式を適用すべく所沢市と相談しましたが、うまくいきませんでした。そこで、トトロ財団単独でその一部を取得することにし、残りは市の保護樹林に指定して保全することにしました。

取得当時は樹木がうっそうと生い茂った状態にあり、とにかく森に光が差し込むように藪を刈り払うなどの作業から始める必要がありました。この点が1号地や2号地と異なっていましたが、管理されないまま放置されている雑木林は当時から狭山丘陵のあちこちでよく見られていました。

3号地に隣接して、同じ地権者が所有する約1800㎡の雑木林があります。3号地取得の時には、この雑木林の保全を万全にするために覚書を結び、「所沢市の条例に基づく保護地区制度の指定を受けて保全を図り、万一処分せざるをえないときは市に買い取りを申し出ること」という項目を設けました。

2005年になって、覚書で定めた事態が生じてしまいました。地権者は覚書に基

＊2　埼玉県が1985年に設置した基金。雑魚入樹林地はその2号地に当る。

［資料5］　トトロの森15号地：所沢市上山口チカタ、1247・86㎡、2011年10月30日寄付受領

づいて市に買い取りを求めましたがうまくいかず、トトロ財団に買い取ってほしいと申し出ました。しかし当時のトトロ財団は、覚書での取り決めと相違するという判断から、取得に難色を示したのです。すでにインターネット上にこの土地の売却情報が出されていましたので、保全策を急ぎ講じなければなりません。トトロ財団の「取得しない」との考えに納得できない方々のうちのお一人が、個人でこの土地を買い取ることを決断し、当面の開発の危機を避けることができたのです。

その後は、多くの関係する市民が力を合わせ「チカタ集いの会」（210ページ参照）というグループを結成し、この森を保全する活動を精力的に続けていくことになります。元の地権者だった方もその一人として参加していました。大きくなりすぎた木は茶畑の日かげになるので伐採し、多様な植物が生育する明るい森になるようにきめの細かい管理を続けました。

2011年10月、トトロのふるさと基金が公益認定を受けた（153ページ参照）のを見届けてから、土地を取得していた方はトトロのふるさと基金に無償で寄付されました。これがトトロの森15号地です（資料5）。公益財団法人になってから初めて実現したトラスト地でした。

15号地に続く583㎡の雑木林は、2018年3月、トトロのふるさと基金に無償寄付され、トトロの森48号地となりました（資料6）。48号地の管理は15号地などの管理を担ってきた「チカタ集いの会」からの要請がありましたので、あわせてお願いし

［資料6］　トトロの森48号地：所沢市上山口チカタ、583・06㎡、2018年3月23日寄付受領。

ました。ていねいな管理活動には日頃から敬意を抱いていましたので、願ってもないありがたい申し出でした。

(3) 5号地と6号地・堀之内と狢入《むじないり》の森

西武球場前駅の近くにある谷戸では、菩提樹《ぼだいぎ》池と周辺の緑地が豊かな里山を形成しています。その里山の田んぼは休耕状態になっていましたが、そのうちの一つの田んぼを、多くのボランティアの力で復田したうえで、稲作作業を毎年続けることになりました。それは、田んぼの所有者である遠藤さんの理解と協力があったからこそでした。田んぼを使わせてもらうとともに、稲作の仕方を直接指導していただきました。

「そんな握り方じゃだめだ。草刈りのカマはこうやって使うもんだ」

時には道具の使い方など厳しく注意されましたが、いつもは柔和な表情で田んぼ作業のイロハから教えていただきました。田んぼで穫れたもち米での餅つきのときにはご自宅の庭を使わせてもらい、作業道具や物品の保管にも無理を言って協力していただきました。菩提樹池周辺の保全活動は遠藤さんなくしてはできませんでした。

そんな遠藤さんが２００２年5月に亡くなられました。

同年12月になって、遠藤さんの遺族から、相続対象となった山林を買い取ってもらえないかという申し出があり、4か所に分かれてあった山林のうち、現地を確認して保全する価値があると判断した2か所の山林を譲っていただくことにしました。これがトトロの森5号地と6号地です（資料7、8）。

重要な里山保全活動に協力していただいた方からの要望には、私たちは真摯に向き合う必要があります。相続によって困惑しているときに、こちらができることの一つに土地を買い取ることがあります。まさにナショナル・トラスト活動でなければできないことです。

このうち5号地は、埼玉県がすすめている「緑の森博物館」の事業計画地内にありました。したがって県の責任で確実に保全していくべきであると考え、県に対して公有地化を求める要望書を提出しました。しかし、財政難を理由にして県は買い取りを断ってきましたので、やむなく私たちが取得することにしたのです。

緑の森博物館基本構想[*3]を見ると「所有者から相続その他やむを得ざる事情を原因とする買取請求があった場合には、具体的な取得方法について検討のうえ買い取りするよう努めるものとする」とされています。この約束が守られないとなると、狭山丘陵の中でも特に優れた自然環境を誇る緑の森博物館区域の保全は、絵に描いた餅になってしまいます。この事態に警鐘を鳴らす意図もあり、トトロの森として取得しました。

一方、6号地は開発が進む狭山丘陵の東部地域にあって、まとまりのある緑地を形成する樹林地の一部にあたります。この森に接する形で戸建て住宅の密集地が迫り、

＊3　埼玉県知事決裁（1990年6月6日付）、130ページ参照

［資料７］　トトロの森５号地：所沢市堀之内、3934.90㎡、2003 年 10 月 29 日取得。

［資料８］　トトロの森６号地：所沢市山口狢入、3873.38㎡、2003 年 10 月 29 日取得。

まさに開発の波を押しとどめる「緑の防波堤」の位置付けで取得しました。虫食い的に開発が進むおそれのある地域での取得になりましたので、特に地域住民の協力が不可欠との考えから、明るく親しみやすい雑木林にするという管理方針を定めました。

(4) 12号地・北中《きたなか》の森

所沢市北中にある広大な平地林は、三富と並んで武蔵野の面影を今に残す貴重な里山です。そこに突如明らかになったのが、約9250㎡に1200区画以上という大規模な墓地計画でした。2007年8月、所沢市に墓地計画の許可申請が提出されました。地元自治会ではすぐに反対運動が組織され、現地には反対看板が立つことになりました。市長あての要望書提出や署名活動、議会への請願などさまざまな取り組みが展開されました。

2008年4月、反対運動の代表者からトトロ財団に対してトラスト活動で協力してほしいという要請がありました。それまでも署名への協力などはしてきましたが、要請を受けてからは本腰を入れて墓地問題の解決に取り組むことになったのです。

トラスト活動の対象地として、墓地計画地に隣接する山林に狙いを定めました。その土地は、墓地計画地と同じ地権者が所有していましたので、墓地計画撤回を条件にして取得する方針を立てました。墓地計画地そのものは、埼玉県条例による「ふるさとの緑の景観地[＊4]」に指定したうえで県に取得してもらうようにしました。肝心の墓地計画については、強い反対運動のために進めることができず、計画者は断念する方向に傾いていったのです。

トトロ財団としては取得対象地の鑑定評価を行ったうえで交渉しましたが、価格面での双方の思惑の隔たりはかなり大きく、なかなか合意に至りませんでした。私たちは公正で客観的な不動産鑑定評価額を基準にしていましたので、価格について妥協することなくねばり強く交渉し、最終的には私たちが考えていた通りの金額で契約することができました。トトロの森12号地の誕生です（資料9）。

その後、墓地計画は正式に取り下げられましたが、墓地計画地であった山林の地権者は約束を翻し「ふるさとの緑の景観地」指定に同意せず、別の業者に売ってしまったようです。その山林は何台もの重機で切り開かれ、更地とされ、資材置き場にされてしまいました。あっという間の出来事でした。ひとつの開発計画が消えたとしても、その土地の所有権を確保しない限り恒久的な保全はできないということを身に染みて感じました。重い教訓です。

(5) 13号地・カタクリの森

それは底冷えのする寒い日でした。２０１０年２月12日の午後、待ち合わせ場所で

＊4　埼玉県の「ふるさと埼玉の緑を守り育てる条例」に基づき、樹林を中心とした優れた景観を有する区域を指定する制度。ここは「所沢市北中ふるさとの緑の景観地」として１９９６年に指定された。

［資料9］　トトロの森12号地：所沢市北中四丁目、５１６８・１３㎡、２０１０年６月14日取得。

ある比良の丘近くで地権者の弟さんを待ちました。ナショナル・トラスト活動の成否は、ひとえに地権者との出会いにかかっています。よい出会い方ができて、お互いに信頼感を得られるようになれば成功です。

弟さんに案内された山林は、ほぼ孟宗竹《モウソウチク》で埋め尽くされていました。

「昔ここにはカタクリがたくさん生えていて、春にはきれいな花を咲かせてくれたんだよ。でも（地権者である）兄は年を取って足を悪くしちゃったので、ヤマの手入れができなくなってしまった。管理してきれいな昔のようなヤマにしてもらえるところに譲りたいと思っている。トトロさんの活動を知ったので、今日こうして来てもらった」

森に入ると竹が密生し、周りがよく見えません。すぐ近くにある山ノ神神社の辺りまで同じような竹の密生が続いていました。カタクリが生育する環境とは全く異なっているので、話はほんとうだろうかと思ってしまいました。

カタクリが芽生える時期の3月の末になってから現地に確認に行きました（**資料10**）。花を2株、やっと見つけることができましたが、開花に至らない小さい株はたくさん見つけることができましたので、管理をしっかりと行えば復活する可能性は高いと判断しました。

10月に取得契約を結び、トトロの森13号地が誕生しました（**資料11**）。カタクリの保護を考えて、孟宗竹を伐採するほかアオキやヒサカキなどの常緑樹やシュロは除伐す

［資料10］ カタクリ

る管理方針にしました。落ち葉の採取はカタクリの生育に支障ない範囲で行うことにしました。

「トトロの森で何かし隊」の精力的な活動で、管理方針通りに孟宗竹を徹底的に切り払ったところ、林内に明るさが戻り、年を追うごとにカタクリが復活していきました。毎年の確認株数や花の数を追ってみると際立った成果が見られます（164ページ参照）。この地で昔から花を咲かせてきたカタクリを消滅寸前の状態から復活させ、群落地にまですることができたのは、地権者の想いと私たちのナショナル・トラスト活動、そしてボランティアの皆さんの献身的な活動の成果だと思います。後世に誇るべきトトロの森13号地になりました。

(6) 14号地、27号地、42号地・砂川《すながわ》流域の森

砂川は狭山丘陵を水源とし、小手指ケ原を蛇行して流れ下る小さな河川です。河畔林がところどころに残されていて、貴重な植物が生育しています。春先にはイチリンソウ（資料12）やニリンソウが清楚な花を咲かせ、夏になって樹木で日差しがさえぎられた林床にはキツネノカミソリなどが見られます。砂川のように蛇行して流れる土の護岸のままの河川は、今やとても希少な存在となっています。

特に不動橋の近くにある河畔林は、まさに砂川の宝物をすべて集めたようなところ

［資料11］ トトロの森13号地：所沢市堀之内、1443・90㎡、2010年10月28日取得。

［資料12］ イチリンソウ

[資料 13]　トトロの森 14 号地：所沢市北野三丁目、336.43㎡、2011 年 1 月 27 日取得。

[資料 14]　トトロの森 27 号地：所沢市北野三丁目、592.02㎡、2014 年 10 月 21 日取得。

です。ここを永久に保全したい、と考えた砂川流域ネットワーク代表の椎葉《しいば》迅《はやし》さんから相談を持ちかけられました。

「不動橋の河畔林の土地を所有している方と連絡が取れたので、一緒に行ってもらえないだろうか。トトロ基金でその土地を買ってもらえれば、この貴重な宝物を後世に残していくことができる」

砂川流域ネットワーク（２０８ページ参照）は、砂川の清掃活動や自然観察などを続けながら、流域の自然環境の保全に取り組んでいるボランティアグループです。かつての砂川は下水の垂れ流しやゴミの不法投棄などでひどく汚れていましたが、下水道の整備や清掃活動などによりかなり改善されてきました。しかし、小手指駅を中心として拡大する宅地需要は依然として強く、また国道４６３号線沿線の開発の動向から見ても、砂川の保全は緊急な課題であることは間違いないところです。

２０１０年３月に椎葉さんと二人で地権者宅に伺い、価格次第ではありますが、譲渡について前向きな返事をもらうことができました。この土地は蛇行する砂川に沿った河畔林の一部で、キンランやクサボケなどの生育が確認されていました。不動産鑑定評価額を地権者に提示し、同意を得て、２０１１年１月に無事にトトロの森14号地として取得することができました（資料13）。

次いで、27号地を２０１４年10月に取得しました（資料14）。14号地と連続している森で、貴重な植物は14号地よりもむしろこの27号地に多く確認されていました。これ

［資料15］　トトロの森42号地：所沢市北野三丁目、３４８・０６㎡、２０１７年10月23日取得。

で貴重な植物の生育地はすべてしっかりと保全することができました。

また、42号地（**資料15**）も砂川に接する河畔林ですが、ここにはアクセスする道路がありません。砂川の河川敷を歩いてやっとたどり着けるようなところです。こうした、人が立ち入れないものの、砂川を保全する上で重要な場所というのもあるのです。

(7) 17号地・ドカドカの森

２００９年６月、東村山市秋津の吉川不動産から届いた1枚のＦＡＸが始まりでした。

「このたび貴財団に不動産（山林など）を寄贈したいとの地主の意向がありまして、突然ですがＦＡＸ送信させて頂きました。寄贈物件の所在地は、東村山市秋津町内で総計約１３００㎡余りの土地でありまして、所有者が7名おります。現況は手入れがなされていない山林・藪の状態です」

その土地は驚くべきところにありました。細長い一連の土地で、西武池袋線の線路敷と柳瀬川に囲まれています。東側は都県境で、アパートの敷地でふさがれており、どこからも近づくことができません。そうした立地条件から、西武池袋線秋津駅に至近の場所にあっても開発されずに現在まで残っていたのです。

［資料16］　マダケのジャングル

鉄橋をくぐり抜け、川を渡渉すれば何とか入れますので、数人で勇気を奮って立ち入ってみました。川をはさんだ対岸から見た限りではうっそうとした樹林地と思われましたが、中に入るとほとんどマダケで埋め尽くされたジャングルでした（資料16）。歩くことすら困難です。

しかし、東京都内に初めて実現するトトロの森となるかもしれない、しかも無償となればどうしてもこの申し出を成功させたいと思いました。宮崎駿監督が熱心に保全活動をされている「淵《ふち》の森」のすぐ下流に位置していることもあり、ここの保全は柳瀬川流域の環境のために大きな効果をもたらすと考えました。

土地の無償寄付を受けるには、税金の問題を解決しなければなりません。まったく利用できないこのような土地であっても、年間40万円ほどの固定資産税と都市計画税が課税されています。その負担の重さが地権者に寄付の申し出をさせしめた、と聞きました。この固定資産税などについては、トトロのふるさと基金が土地の寄付を受けた後に、東村山市の緑地保護区域指定を受けることで全額免除となりました。

しかし、たとえ無償で土地が寄付されたとしても、現在の制度では時価での譲渡と見なされて譲渡所得税が寄付者に課税されてしまうのです。土地の評価額は2500万円余りですので、かなり大きな金額です。唯一の対策としては、寄付を受ける側（トトロのふるさと基金）が公益法人に認定されてから課税免除の承認申請を出すことです。そのためこの土地の寄付受領は、トトロのふるさと基金が公益認定を

［資料17］　トトロの森17号地：東京都東村山市秋津町五丁目、1767・38㎡、2012年5月28日及び6月8日寄付受領。

受けてからということになりました。FAXを受け取ってからすでに2年の歳月が経過していました。

2011年5月、吉川不動産の会議室に7人の地権者のうち6人が集まり、無事に寄付契約の手続きを完了しました。トトロの森17号地の誕生です（**資料17**）。翌日の新聞には、都内で最初のトトロの森ができたことが報じられました（**資料18**）。

地権者は地元に昔からお住まいの人たちばかりでしたので、17号地にまつわる話を聞くことができました。

「あそこはドカドカと呼ばれていたんだよ」

「西武鉄道の線路ができる前は、柳瀬川の周りは水田だった。あの付近から田んぼの水が川に流れ落ちるので、いつも水音がドカドカと聞こえていたので、ドカドカと呼ばれるようになった」

「線路敷ができてからはまったく行けなくなってしまったので、中がどうなっているかわからない」

私たちが川を渡って中に入って、ジャングルのように竹が繁茂する光景を見たことを話しましたら、たいへん驚かれていました。

取得後は、マダケのジャングルをどうするかが問題になりました。まず川を渡らなくても中に入れるルートを確保しなくてはならず、東側の地続きにあるアパートの管理者にお願いして、そこの駐

東京新聞　2012年（平成24年）5月29日（火曜日）　多摩　地域の情報　24

多摩

トトロのふるさと基金

東村山の林を取得

都内初　地権者が無償寄付

東京都と埼玉県にまたがる狭山丘陵の緑の保全に取り組む公益財団法人「トトロのふるさと基金」（埼玉県所沢市）は二十八日、東村山市秋津町の林千二百八十六平方㍍を取得すると発表した。「トトロの森」と名付けて取得した土地は十七カ所目だが、都内では初めて。（北爪三記）

基金によると、林は所沢市との市境付近の西武池袋線と柳瀬川に挟まれた河川敷にあり、地権者六人から無償で寄付された。六月上旬に取得手続きを完了する予定だ。

現地はケヤキやクヌギ、ムクノキなど緑豊かな林が続く。宮崎駿監督らが開発から守って公有地化された両市にまたがる緑地「淵の森」も、上流のすぐ近くに広がる。

基金の荻野豊事務局長は「淵の森から連続する柳瀬川の河畔林として、一体となって緑を守ることができる」と喜ぶ。

今後、現地の自然環境を調査し、管理方針を決める。

一九九〇年から活動する基金はこれまでに、所沢市の十六カ所約二・八㌶を取得。里山の管理や、里山を生かした環境教育活動などにも取り組んでいる。

都内第1号の「トトロの森」となった柳瀬川河川敷＝東村山市で（トトロのふるさと基金提供）

［資料18］「東京新聞」記事（2012年5月29日）

車場から入らせていただくことになりました。竹を根気よく切り倒し、竹に負けて立ち枯れてしまった樹木を片付ける作業を続けることで、ようやく明るい森にすることができました。その後は、地元のボランティアによる管理活動が続けられ、良好な状態が維持されています。

２０１５年になって、宮崎監督が描いた絵を元にして大きなトトロの看板を森の中に立てました（資料19）。だれも入れない場所にあるので、文字はありません。所沢から西武池袋線に乗車して池袋に向かい、秋津駅に到着するちょっと前に左側の窓から外を眺めていると、トトロの姿がチラと見えることでしょう。

(8) 18号地・蛇崩《じゃくず》れの森

所沢市堀之内地区は、しだれ桜で有名な金仙寺や明るく開けた比良の丘などがあり、ウォーキングや自然観察に最適なところです。ここでは四季を通じて狭山丘陵の魅力が堪能できます。特に、春に美しく咲き乱れる花木の眺めは、雑木林の新緑の美しさと相まって、丘陵で最も美しい風景といえます。

早稲田大学所沢キャンパスの通称B地区は堀之内の三ヶ島湿地を

［資料19］ 17号地看板

[資料 20]　蛇崩れ湧水。2012 年撮影。現在は土管から石積みになっている。

抱きかかえるように立地していますが、その近くに「蛇崩れ」と呼ばれる湧水ポイントがあります（資料20）。枯れることのない湧水は三ヶ島湿地を潤して砂川の源流の一つとなっています。蛇崩れとは不思議な地名ですが、この辺りはぽろぽろと崩れやすい地質のため、蛇が登ろうとすると崩れてしまうことから付けられたもののようです。

２０１２年8月、地権者にお会いしたところ、湧水がある土地も含めて所有する土地をすべて売りたい、とのことでした。しかし、所有地はほとんどが農地です。農地法の制限によりトトロのふるさと基金は農地を所有することができません。湧水のあるところも残念なことに農地でした。

しかしただ一つ、登記上の地目が「原野」になっている土地がありましたので、トトロの森18号地（資料21）として譲渡していただくことにしました。湧水源とは数メートルしか離れていないので、取得した「原野」の保全が湧水を守ることにつながると考えました。

この地権者は、早稲田大学の三ヶ島・堀之内地区への進出問題のときに、大学誘致の地権者組織の要にいた方だったそうです。トトロのふるさと基金の前身である「連絡会議」は大学立地に強く反対して、さまざまな反対運動を行なってきました。そのことから自然保護団体に不信感を持っているようで、この土地取引に当たっても、強い警戒感を示していました。

［資料21］ トトロの森18号地：所沢市堀之内、３７６・２０㎡、２０１２年10月22日取得

「トトロのふるさと基金は、この土地を取得したからといって、後日、私が持っている畑が開発できるようになったときに、隣接地の地権者としてそれに反対するようなことはしない、という約束をしてほしい」

この提案を受けることについては、内部で賛否がありましたが、堀之内地区で、特に蛇崩れで土地を取得できる価値の大きさを考慮して、覚書を結ぶことにしました。今後、堀之内地区については、その環境の質の高さに着目した保全の取り組みを強く進めていかなければなりません。そのための第一歩になるトトロの森18号地の誕生でした。

(9) 19号地・菩提樹池の森

1999年8月から始めた「菩提樹池保全キャンペーン」[*5]によって集まった寄付金は、2013年3月の時点で総額1368万円ほどにのぼりました。トラスト対象地を限定して寄付を呼びかけたのは初めてのことでした。

しかし、対象地域の中で、位置や大きさなどの条件に当てはまる土地はそれほど多くありません。目星をつけて地権者を訪ねてみても、売却したくない意向を示されるなど手の打ちようがないまま月日が過ぎていきました。

2010年、一人の地権者のお宅を訪問して、所有する山林2筆のうち小さいほう

＊5　菩提樹池周辺の自然を守る目的で始めたキャンペーンで、菩提樹池周辺の土地を取得するための寄付を呼びかけた。

の土地を譲渡してもらえないかと打診したところ、前向きな返事をいただくことができました。菩提樹池の上流部にある水源涵養林です。かつては近くの狭山湖畔霊園の拡張計画区域に入っていたことがありましたが、自然保護団体の抗議によって霊園側が開発を諦めた、という経緯があります。

価格交渉の結果、譲渡の約束はいただけたのですが、実測を地権者が行ったうえで実測値で契約するという条件が付きました。この測量作業にたいへん長い時間がかかってしまいました。理由としては、隣接地の一つが明治時代から「馬捨て場」と呼ばれる共有地になっていて、境界確定が困難だったからです。２０１３年3月になってようやく契約にこぎつけることができ、トトロの森19号地が誕生しました（**資料22**）。取得資金には、キャンペーンで集まった寄付金を充てました。

トトロの森19号地誕生の後押しもあって、菩提樹池周辺の緑地保全の機運が高まり、埼玉県と所沢市は周辺の緑地の公有地化を進めていきました。２０１５年には市の条例に基づく里山保全地域[*6]に指定され、地元の方々や関係する自然保護団体の協働により適切な管理が進められています。

⑽ 20号地、21号地、31号地・早稲田大学周辺の森

早稲田大学所沢キャンパスは、狭山丘陵の良好な自然環境のまっただ中に立地した

［資料22］　トトロの森19号地：所沢市上山口大芝原、１９６８・２８㎡、２０１３年3月18日取得。

＊6　「ふるさと所沢のみどりを守り育てる条例」第10条に規定されている緑地保全制度。

[資料 23]　トトロの森 20 号地：所沢市三ヶ島二丁目、3444.56㎡、2013 年 6 月 10 日取得。

[資料 24]　トトロの森 21 号地：所沢市三ヶ島二丁目、3968.44㎡、2013 年 10 月 17 日取得。

[資料 25]　トトロの森 31 号地：所沢市三ヶ島二丁目、796.75㎡、2015 年 8 月 24 日取得。

ため、周辺に深い森を擁することになりました。西側のB地区の周囲の森はさいたま緑の森博物館に指定されていますが、東側のA地区を取り囲む森は民有地のままで、行政による強い保全措置は講じられていませんでした。

地元の茶業農家さんから、A地区に隣接する雑木林を譲渡したいという相談があったのは、2013年2月のことです。現地を見て、想像以上に深くて立派な森であることに感動しました。

「落ち葉を堆肥にしていた頃は、下草刈りなどしてここもきれいだったけど、最近はしなくなったからヤマが荒れてきたね。雑木林の縁からは、遠くの秩父の山まで見えたものだよ」

オオタカも繁殖していたといわれているこの森を、トトロの森20号地として取得することができました（資料23）。その直後に、20号地の隣の山林を譲渡したいという別の相談が舞い込んできました。その地権者も地元の農家なのですが、こちらは不動産業者が仲介していました。これがトトロの森21号地になり（資料24）、20号地と合わせて7000㎡以上という広大な森となりました。

続けて31号地となる山林の譲渡の申し出が寄せられました（資料25）。クロスケの家（145ページ参照）に最も近いトトロの森なので、トトロの森の案内にもたいへん便利です。最近では雑木林管理に関わる技術を習得する実習の場としても活用されています。

⑾ 26号地、33号地、34号地、41号地・葛籠入《つづらいり》の森

「あれ、こんなところに測量の印が付けられている」

異変に気付いたのは、森を歩いていた私たちの仲間の一人でした。ピンクのビニールテープが小さな木の枝に巻きつけられていました。測量業者が作業の目印としてよく使う方法です。

それからしばらくして、墓地開発の計画がここで進められていることがわかりました。

「やはりそうだったのか。良い森なのに失われてしまうのか」という口惜しさを強く感じました。これが三ヶ島二丁目墓地計画を最初に知ったきっかけでした。詳しい経緯は別項に記すこととしますが（185ページ参照）、ピンクのテープを見つけた森は、その後、トトロの森41号地として取得し保全できたことをまず記しておかなければなりません。

墓地計画が二転三転したことで、結果的に開発の手から免れた葛籠入樹林地は、すばらしい森です。昔から適度な下草刈りや落ち葉はきが続けられてきたため、今となってはたいへん貴重な植物が残されています。平らな地形にコナラやヤマザクラが生えている典型的な雑木林であり、春にはキンランなどが美しい花を咲かせています

（資料26）。

地権者は高齢のためヤマの管理作業が困難になっていたので、墓地開発の話が持ち上がったとき、高く買ってくれるならば売ってしまおうと考えていたようです。ところが墓地計画が白紙になり、期待が裏切られてしまった形でした。そうした経緯があった後に、私たちが地権者のお宅に伺って譲ってほしいとお願いしたのです。ここがトトロの森26号地となりました（資料27）。

私たちは、適切な管理作業を進めるために土地の境界を確認しておく必要から、土地取得後速やかに境界測量を行うことにしています。測量時に隣接する土地の地権者に立ち会いをお願いすると、うちの土地も買ってほしいと言われることがあります。特に開発計画が白紙になってしまったこの辺りでは、次々と買い取りの要請がありました。そうした経緯があって、トトロの森33号地、34号地、41号地が次々と実現しました（資料28、29、30）。

41号地の辺りは、人家のある集落までかなり離れていることから、一部は現状のままにしておき、遷移を見守ることにしました。シラカシなどの常緑樹が大きくなって、きわめてゆっくりと、うっそうとした森に変わっていく様子を見守っていくことになります。これも楽しい試みです。

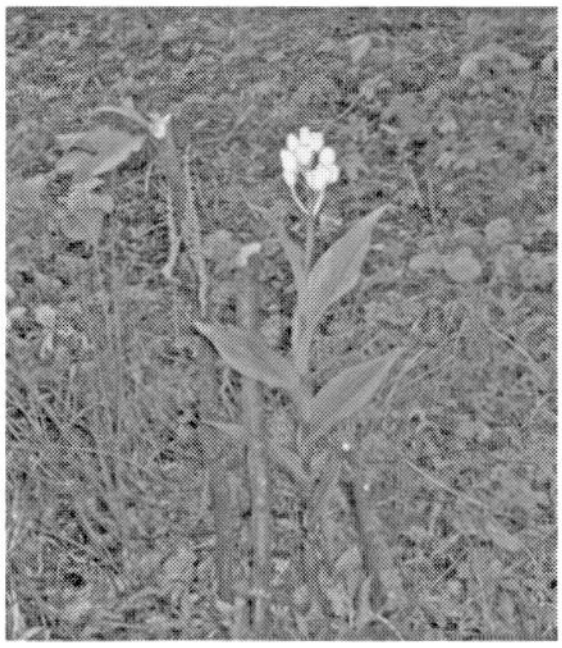

［資料26］　キンラン

［資料27］　トトロの森26号地：所沢市三ヶ島二丁目、２６６３・４９㎡、２０１４年８月25日及び11月17日取得。

［資料 28］　トトロの森 33 号地：所沢市三ヶ島二丁目、2138.46㎡、2015 年 12 月 8 日取得。

［資料 29］　トトロの森 34 号地：所沢市三ヶ島二丁目、1178.31㎡、2015 年 12 月 8 日取得。

［資料 30］　トトロの森 41 号地：所沢市三ヶ島二丁目、2198.18㎡、2017 年 3 月 6 日取得。

⑿ 30号地・入間市初の森

トトロの森はそのほとんどが所沢市にあります。その理由は、狭山丘陵において所沢市の占める面積が他の市町（入間市、東村山市、東大和市、瑞穂町）と比べて最も大きいことにありますが、緑地保全の措置が講じられていない部分がとても大きかったからでもあります。逆に言うと他の市町に属する狭山丘陵は、その大部分が都や県、市町による公園緑地等に指定されているのです。

入間市域に属する狭山丘陵では、樹林地部分は埼玉県が設置した「さいたま緑の森博物館」に指定されています。県は基本的に借地方式で保全を図っていて、地権者から買い取ってほしいという申し出があったときには、できるだけ公有地化する方針を立てています。ただ、予算には限りがあり、即時的に対応することが困難な場合もあります。そうした事情の下に、トトロの森30号地が誕生しました（**資料31**）。

三ケ島二丁目の大規模墓地計画（１８５ページ参照）の関係者から、緑の森博物館区域内の山林を買わないか、と話を持ちかけられたのは２０１５年３月のことでした。県の担当者と情報交換をしたうえで、この話を前向きに進めることにしました。常々「トトロのふるさと基金は所沢の運動」というイメージを破りたいと考えていましたので、入間市内にもトトロの森が必要だと思ったからです。

［資料31］ トトロの森30号地：埼玉県入間市宮寺宮前及び大谷戸、１６０２・９９㎡、２０１５年5月25日取得。

この森は、緑の森博物館の案内所の近くにあって、博物館への来訪者や散策する人などが多く訪れる場所にあります。しかし、昔からゴミがよく捨てられていました。記憶にある限り「大事に管理されてきた雑木林」というイメージはありません。登記簿を見ると土地所有者はかなり変遷しています。土地ころがしのような取り扱いを受けてきた雑木林といえます。

取得後はまず、ゴミを片付けることから始めました。投げ捨てられたさまざまなゴミが落ち葉に埋もれています。続いて、茂ったアズマネザサの刈り取りと枯れ枝や蔓の除去です。こうした根気の要る作業を繰り返すこと1年半、ようやくきれいな森になってきました。看板も設置して、多くの方にトトロの森30号地の存在をアピールすることができるようになりました。

緑の森博物館に関わるほかの話題を一つ取りあげてみます。

狭山丘陵の良さは農地のある里山景観なのですが、高齢化などのために草刈りさえできていない農地が多いのが現実です。そこで、農地所有者と管理協定を締結する試みを始めました。草刈り作業を私たちが請け負う、という内容です。農地は買うことも借りることも法で規制されていますので、これは里山景観を守る方策の一つになるのではないかと思います。

協定第1号になったのは、西久保湿地に近い緑の森博物館区域に隣接した畑です（**資料32**）。すばらしい里山景観を構成しているその畑の持ち主とトトロのふるさと基

［資料32］西久保の畑

金が協定を交わして、無償で私たちが草刈りをすることにしました。都合が悪くなれば双方とも一方的に協定解消できる条項も加えてあります。トトロのふるさと基金の職員が年に数回、業務として草刈りをするだけなのですが、昔のような里山景観が戻ってきました。当該職員の業務に余裕がなくなったら、この協定の成り行きも変わってくるかもしれませんが、当面は続けることができそうです。

⒀ 37号地・八国山の森

狭山丘陵の開発の歴史は、１９６０年代のレジャー施設の建設から始まります。狭山スキー場や西武園ゴルフ場ができた後には、１９６７年の西武多摩湖畔団地から住宅系の開発が相次ぐことになりました。１９７０年代に入ると狭山丘陵東部の地域でいくつもの大規模な開発が行われてきました。

八国山とは、狭山丘陵の東端に東西に延びる尾根地形を指します。映画「となりのトトロ」では「七国山」として登場するのがこの八国山ではないかと思っています。ちょうどこの尾根筋が都県境になっていて、尾根道の北が埼玉県所沢市、南が東京都東村山市です。

宮崎駿さんがメッセージ（17ページ参照）で書いておられるように、八国山の北側（所沢市側）は、かつて大谷田んぼと呼ばれる生きものの豊かな湿地帯でした。

1973年、西武不動産による西武松ケ丘団地の開発が計画されます。田んぼを埋め立て、同時に八国山の尾根に近いところまで削って住宅地とする計画でしたので、自然保護団体はこれを厳しく批判し、反対運動が展開されました。当時の東京都の美濃部知事は八国山の保全に理解を示し、東京都側の樹林地を1977年に「八国山緑地」と指定しました。

しかし、埼玉県は西武不動産の開発計画を許可したのです。今でも、尾根をはさんで南側（都側）には緑地が広がっているのと対照的に、北側（埼玉県側）は尾根のぎりぎりのところまで住宅地が迫っているのを見ることができます。狭山丘陵の開発と保全のせめぎ合いの歴史を振り返るとき、八国山は忘れることができない場所です。

その八国山の西端の樹林地を、トトロの森37号地として2016年2月に取得することができました（資料33）。スーパーマーケットの駐車場から眺められるくらい住宅地に近い森です。

(14) 40号地・芋窪《いもくぼ》の森

2016年6月、東大和市役所の課長から訪問を希望する旨の電話がありました。「市内芋窪にある山林の地権者に相続が生じた。地権者と一緒に伺うので、購入を検討してもらえないだろうか」ということでした。

［資料33］　トトロの森37号地：所沢市荒幡東向大谷、1856・29㎡、2016年2月19日取得。

その山林は、東京都が都市計画決定した「芋窪緑地」の区域に含まれており、本来は計画事業者である東京都が取得すべき土地です。東大和市の説明によると、都に申し入れをしたものの、2011年12月に改定された「都市計画公園・緑地の整備方針」の中で、芋窪緑地は優先整備区域に入っていないために土地取得は10年以上先になり、当面買うことはできないと言われたとのことです。

狭山丘陵の東京都側は、そのほとんどが公園や緑地として地域指定されてはいますが、この事例のような課題が残されています。地権者に生ずる事情はさまざまで、待ったなしの場合もあります。その「すき間」を埋めることは大変重要です。決して行政の尻ぬぐいとしてではなく、民間団体だからこそできることとして、行政の硬直的な動きを補う取り組みが、時には効果を発揮するのです。その後、無事にこの山林を取得することができました（資料34）。

この山林は丘陵南斜面の上部にあります。見晴らしが良好な立地のために、かつて別荘用地として取引された土地だったようです。周囲に玉石積み石垣の跡が見られるのはそのためらしいのですが、今はその石垣も各所でほころびが見られ、崩落の心配すらありました。

近所にお住まいだった井上忠三さんは、残念ながら最近お亡くなりになられたのですが、長い間ここの自然を愛おしく眺め、ここで観察された生きものについていろいろと教えてくださいました。「あそこでたくさんのツツジがきれいに咲くんだよ」、

［資料34］　トトロの森40号地：東京都東大和市芋窪二丁目、3157・59㎡、2016年9月7日取得。

「ここにはマムシがよく出た」など、今となっては貴重な情報がいくつもありました。いつまでも生きものが豊かに見られる森として、地域の方々と力を合わせて守っていきます。

⒂ 43号地、44号地、46号地・平地林の保全

所沢西高校の近くにある平地林の中には小路が通っていて、生徒たちが通学路として親しんできました。その林の一部をトトロの森43号地として2017年10月に取得することができました（資料35）。小手指駅から直線距離で700メートルほど、地形は平坦で開発されやすい場所です。次の44号地（資料36）とともに地権者から持ち込まれた買い取りの要望でしたが、いずれ開発されてしまう危険性はかなり高いと思われましたので、取得して守ることができて大変よかったと思います。

管理計画策定のために行う現況の植物調査には埼玉県立所沢西高校の生徒さんも参加してくれましたし、その後の管理活動にも力をふるってくれました。今後もいい形で継続していってほしいと思います。

トトロの森44号地は、所沢の中心市街地を流れる東川の上流部の、広い平地林の一画にあります。行政による保全措置が何もない地域のため、失われてしまうおそれがありました。地権者からこの土地の譲渡の話が出されたときに、面積は小さいもの

の、広い平地林全体の保全を促すきっかけになることを願って取得しました。

ただ、44号地の周囲には雑然とした廃車置き場や資材置き場があり、老人保健施設の計画地にも面していました。取得後すぐに施設の建築が始まったため、土地境界にある高木は伐採しなければなりません。苦情がすぐに来るのは目に見えていました。資材置き場や廃車置き場側の木も同様に処理することにしていましたが、間の悪いことに伐採作業に入る直前に大型台風が襲来し、強風で木の枝が落ちて廃車の一部を損傷させてしまいました。私たちは、樹林地を原因として生ずる損害を賠償する保険に加入しており、今回もこの保険で対応したのですが、相手方との交渉などに多くのエネルギーを費やすことになりました。苦い教訓でした。

トトロの森46号地は、所沢市と入間市の境にある平地林の一部で、隣は塗装工場の敷地になっています（**資料37**）。地権者から譲渡の申し出を受けて現地を確認したところ、塗装工場が越境して樹林地内に工作物を設置したうえ、大量のゴミをそこに投棄していたことが確認されました。こうした不適切な部分を取得の対象から除外したうえで、２０１７年12月に46号地として取得しました。

これらの事例でわかるように、狭山丘陵周辺に点在する小さな平地林を取得するにあたっては、隣接する土地の状態をしっかりと確認しなければなりません。よく見かけるような、手入れがなされず放置されたままの雑木林は地域住民の目から遠ざけられ、関心が薄くなっています。ゴミの投棄などの不法行為が行われていることも珍し

[資料 35]　トトロの森 43 号地：所沢市北野新町一丁目、1533.37㎡、2017 年 10 月 23 日取得。

[資料 36]　トトロの森 44 号地：所沢市北野二丁目、383.80㎡、2017 年 10 月 23 日取得。

[資料 37]　トトロの森 46 号地：所沢市林一丁目、1302.35㎡、2017 年 12 月 26 日取得。

くありません。伸び放題の樹木は早めに処理しないとすぐに苦情がくるなど、取得後の管理に大きな困難が生じる場合もあります。

しかし、こうした森こそできるだけ守っていくようにしたいものです。平地林の多くは市街地に近く、地形的にも開発が容易だからです。46号地のように、インターチェンジからのアクセスが良いなど、市街化調整区域[*7]であっても道路事情が良好な場所であればなおさらです。

市街地に近い平地林では、ひとたび森の再生に成功すれば多くの人の目に触れやすいこともあって、保全の効果は極めて高いと考えます。それまでの困難さを補うほどのポテンシャルの高さを感じさせてくれます。

⒃ 47号地・競売で取得した森

2012年1月21日、突然、墓地の建設計画を知らせる看板が東大和市芋窪の山林に立てられました。事業主体は宗教法人Mとなっています。私たちは、この土地を所有する株式会社アメリカンホームズという宅地開発会社とその2日前に売買交渉を行い、価格の提示まで進んでいたものですから、たいへん驚きました。

実はこのとき、所沢市三ヶ島でも大規模墓地建設計画が動いており、私たちはそちらへの対応で手いっぱいの状態で、芋窪の問題は成り行きを見守るしかありませんで

＊7 市街化調整区域都市計画法に基づき指定される区域区分。市街化が抑制される。

した。

計画地周辺にお住まいの住民にとって、自宅の屋根よりも高い隣接地に大規模な墓地が造られるのは耐えられない事態でしょう。墓地計画反対の運動がすぐに組織され、たくさんの反対の幟《のぼり》が立てられたのは自然な成り行きでした。

さかのぼること7、8年前には、ここには住宅開発計画があり、土地を取得したアメリカンホームズは計画地のすべての樹木を伐採してしまいました。現在、伐採後の切り株から芽生えた樹木は周辺の樹林地よりも若いため背が低く、林床にはアズマネザサが密生しています。

アメリカンホームズの経営はその後悪化して、倒産同様の状態になりました。土地は大手リース会社に抵当権が設定されていましたが、そうした苦境につけ込んで宗教法人が墓地開発の計画を立てたのではないかと思われます。

40号地と同様に、ここも「芋窪緑地」の都市計画決定がなされていましたので、都の公園緑地部に先行取得を申し入れましたが、やはり10年先にならないと買えないという返事です。目の前に迫った破壊の危機に対して、行政が動かないことに歯がゆさが募りました。

その後、墓地計画は進まなくなりました。地元の皆さんの粘り強い反対運動によって、計画の予備協議の段階で止まりました。事業手続きに時間を十分にかけさせる取り組みが功を奏した形で、宗教法人は諦めたと思える展開となってきました。市議会では墓地計画反対の陳情が採択されました。

２０１７年４月になって東大和市から電話があり、この土地に設定されている抵当権が実行されて競売に付されるようだ、という情報が伝えられました。土地の競売という事態になったので、市は自ら動けないけれど、いい方向に向かってほしいと考えたのでしょう。

８月になり、東京地裁立川支部から競売の公告が出されました。競売公告では最低制限価格が示されます。最低制限価格以上の金額を記した入札書を出すことで入札に参加することができ、参加した入札者の中で最も高い額を示した者に譲渡するという仕組みになっています。その最低制限価格は、１億９０００万円ほどでした。これはあまりにも高額で、私たちが入札できる金額からはかけ離れていましたので、やむなく入札参加を諦めました。

しかし幸運なことに、そのときの入札は参加者不在で成立しませんでした。その４か月後の12月に再び入札の公告が出され、最低制限価格は１億８２９万６０００円に引き下げられました。これであれば入札参加を検討することができます。

競売に参加するかどうか、参加するならばその額をどうするかを決めるために臨時に理事会を開きました。やはり１億円を超える額はあまりにも高すぎるという意見があり、一方では大事な緑地を守るために競売に参加すべきだ、との意見もありました。採決の結果、競売に参加することになりましたが、難しいのは入札金額をいくらにするか、です。これについては、裁判所から示された最低価格に５０００円だけ上乗せして、1億８３０万１０００円とすることにしました。高くすれば競争には有利ですが、最低価格自体がすでに十分に高いので、他に入札に参加するライバルはいないと踏んで、気持ちの分だけ高く設定しました。

運命の開札日、２０１８年1月23日に裁判所に出向いた職員から「落札」の朗報がもたらされました。初めての競売による土地取得が成功し、トトロの森47号地が誕生しました（資料38）。トトロのふるさと基金のトラスト地としては、これまでで最も高額な土地であり、また最も広大な森となりました。

「トトロが競売で取得したと聞いたときには、思わず万歳を叫んだよ」

墓地反対の運動を粘り強く続けてきた地元の方々の思いが詰まった言葉です。宅地開発から墓地建設へ、そして競売へと目まぐるしく変転したこの森の保全は、ナショナル・トラスト活動によって所有権を確保してようやく完結しました。もし、反対運動によって墓地建設を撤回させることができたとしても、土地の所有権を持たないいままでは次にどのような開発計画が出てくるかわかりません。ナショナル・トラストが自然保護の決定的な活動だといわれるゆえんです。

［資料38］　トトロの森47号地：東京都東大和市芋窪二丁目、７３９５・９９㎡、２０１８年２月20日取得。

⒄ 51号地・湿地の保全

狭山丘陵が住宅開発の猛烈な波に洗われ始めた1960年代、大手デベロッパー（土地開発業者）の西武鉄道は丘陵の至るところで土地の買収を進めていました。実際の開発は、主に丘陵の東側から行われてきたのですが、土地の取得は丘陵の全域で進められていました。社員から聞いた話では、「とにかく買えるところはどこでもいいから買っておけという指示が出ていて、土地を買うことが毎日の仕事だった」ということでした。当面の利用目的がないところでも、そのうち必ず使えるときが来ると考えていたようです。

山林や原野は手あたり次第に買い取っていったのですが、農地だけは法律の制約があって、原則として農業者以外の者は取得できません。そこで、デベロッパーは一計を案じます。土地の登記簿を見るとわかりますが、条件付きで所有権移転の仮登記をする方法です。実際は代金を支払ってしまうので、そこは通常の土地取引と同じですが、所有権の移転は農地法第5条の許可（農地転用の許可）[*8]が得られるまで停止することが条件になっています。なるほど、これならその旨が登記簿に記載されて第三者への対抗力も出てきますので、農地法をクリアすることができる利口なやり方です。狂乱地価の時代には多くのデベロッパーがこの方法で農地の取得に励んだものと思われます。

しかし、表面的にはあくまでも元の地権者が所有する農地ですので、地権者に相続が生じたときなどには対応しておかなければなりません。1960年代末に仮登記設

＊8　農地を農地以外の目的に転用すること。農地法で規制されている。

定されたものであればすでに50年が経過しています。相続が2回起こったケースもあります。そのたびに地権者に相続登記をしてもらうだけでもデベロッパー側の負担は大きいのですが、現在の状況では農地転用の許可が下りる可能性はほぼありませんので、この状態はいつまでも続くのです。

2014年9月、西武鉄道の担当者から葛籠入湿地を含む土地（全部で13筆、2773㎡）を買ってほしい、という申し出がありました。ここは貴重なヘイケボタルの生息地であり、取得して保全できるのであればたいへん望ましいことだと思いましたが、当該地の登記簿を調べてみると、仮登記設定された水田や畑が多く含まれていました。西武鉄道は、農地法の制限への対応策について、農地転用は不可能と判断せざるを得ないので、「非農地証明」による対応を考えたいということでした。

非農地証明とは、地目は農地となっていても事実上農地ではない状態が長く続いている土地を、農業委員会が「非農地」と証明する制度で、この証明があれば登記上の地目を山林や雑種地に変更できるようになります。

2019年3月にようやく地目変更が完了し、「田」は「雑種地」に、「畑」は「山林」と「雑種地」になりました。これらの土地の所有権を農家から西武鉄道に移転する手続きが済んだのちに、ようやく西武鉄道から買い取ることができトトロの森51号地となったのです（資料39）。

ここは初めての「森ではないトトロの森」ですので、管理のあり方も大きく変わり

［資料39］　トトロの森51号地：所沢市三ヶ島二丁目、3169・74㎡、2019年5月30日取得。

ます。湿地に生息する生きものを調査し、生態系を十分に把握してから、保全のために必要な事項を慎重に検討し、管理作業を始めていきたいと思っています。

その年の夏もたくさんのホタルが確認できました。多くの関係者の努力によって、貴重な湿地が守られることになった今回の事例は、狭山丘陵の保全に確かな希望を見出す証となりました。

（荻野　豊）

4　「トトロの森のゴミ白書」不法投棄ゴミの撲滅へ

私たちは、住宅開発などの開発行為と並んで、狭山丘陵の至るところで見られる不法投棄ゴミの問題についても同じような危機感を持っていました。車や家具などの粗大ゴミ、ペンキや建築廃材などの産業廃棄物が、主に「周囲道路」（44ページ参照）に沿って大量に捨てられていることが問題でした。雑木林の景観は台無しになるうえ、有害物質の流出による動植物への影響は甚大だと思ったからです。

1994年11月、「トトロの森のゴミ白書」を刊行しました（**資料1**）。埼玉県側の狭山丘陵のゴミの実態を調査して、ゴミが投棄されている場所の位置と投棄場所の面積、ゴミの種類と内容を集計し取りまとめたものです。ボランティアの調査員が調べたルートは延べ26㎞以上に及んでいました。

トトロの森のゴミ白書
1994年11月

［資料1］「トトロの森のゴミ白書」表紙

ゴミはやはり周囲道路が最もはなはだしく、投棄された場所の面積を合計すると1646㎡にもなること、内容物としては産業廃棄物系のゴミと車そのものが周囲道路に集中していることが明らかになりました。

このようなゴミの撤去活動は、私たちや地域自治会などで取り組んできました。所沢市や入間市でもそれぞれ大量のゴミを撤去してきましたが、片付けてもすぐに捨てられてしまう状況もまた明らかになりました。原因としては、周囲道路は車が進入しやすく道幅も広いために、人目につかずに運び込んで投棄できてしまうことにありました。

そこで、周囲道路に車が進入できない措置を講ずるように、所沢市と入間市の各議会に請願することにしました。入間市議会では1994年12月に全員一致で採択されましたが、所沢市議会では継続審議扱いとなり、そのまま会期が切れて廃案となってしまいました。しかしその後、所沢市や関係する行政機関が継続的にゴミの対策会議を重ねていることがわかりましたので、1996年6月になって地元の自治会長との連名で、所沢市長に陳情を行いました。

現在、所沢市域の周囲道路の一部では、夜間に限定した車の通行止めが実現しています（**資料2**）。また、その他の区間では市と水道局がネットフェンスを設置したことで、不法投棄ゴミは大幅に減少しています。ゴミがなくなったことは大歓迎ですが、自然とのふれあいを求める市民にとって、ネットフェンスではさまれた道を歩くのは興ざめです。車の通行止めが実現できていない所についても、いつの日かそれが実現することを願っています。

その他の自治体の状況としては、入間市域にある周囲道路は緑の森博物館に、瑞穂町や武蔵村山市域の周囲道路では都立野山北・六道山公園に接していますので、それらの公園事業の管轄で車止めやフェンスの設置が行われ、あれほどひどかった不法投棄ゴミはすっかり姿を消しました。現在は、東大和市から武蔵村山市にかけてがひどいのですが、原因としてはやはり車の通行が規制されておらず、夜間の投げ捨てを防止できていないことにあります。ゴミのない美しい狭山丘陵をめざしてこれからも取り組みをつづけていきます。

（荻野　豊）

［資料2］　周囲道路夜間通行止め看板

5　そして向かう道

(1) 活動低迷期の克服――いまいちど原点に戻って

問われるアイデンティティ

1998年4月、私たちは「財団法人トトロのふるさと財団」（トトロ財団）になりました。8年前に誕生した小さな市民団体が法人格を有する公益団体になったのです。これで、取得した土地の登記を他団体に委ねることなく、自ら地権者になりえることになりました。また寄付に対する税制上の優遇措置を受けられる可能性も出てきました。

私たちは、新たに取り決めた組織としての規約である「寄附行為」によって、組織の目的を以下のように規定しました。

本財団は、狭山丘陵及びその周辺地域（以下「狭山丘陵」と総称する）の良好な自然環境を保存及び活用するとともに、人と自然との調和のとれた関わり方を示す歴史的景観である里山や文化財を保全することによって公共の福祉に寄与することを目的とする。

この目的のもとに、7つの事業を定めました。

①狭山丘陵において自然環境の保存及び活用のための土地または文化財等を取得して、その保存に支障のない範囲内で一般に公開する活動
②狭山丘陵に関わる自然環境及び歴史的景観の保護並びにそれに関する情報収集活動
③狭山丘陵の保全のための普及啓発活動
④里山の自然環境及び文化財に関する調査・研究
⑤里山の管理の実践
⑥里山の保全に関する環境教育活動の実施
⑦その他本財団の目的を達成するために必要な事業

こうして出発したトトロのふるさと財団ですが、その活動は必ずしもトラスト地の拡大に直結しませんでした。それは、事業の範囲が広がるなかで、「私たちは何を目指すべきか」についての合意形成が容易ではなくなった、端的に言えば組織としてのアイデンティティが拡散したことに原因がありました。

もちろんそこにはさまざまな背景があります。

何よりも「土地又は文化財」を買い取るだけでは狭山丘陵の自然環境や歴史的景観は守りきれない、という現実がありました。例えば、狭山丘陵の風景は、旧石器時代以来の人間と自然との長い関わり、とりわけ農業を生業とする人々の暮らしの営みのなかで築き上げられてきたものですが、現在の日本の法律では、農地は農業者でなければ取得できないため、私たちは農地を買い取って、雑木林と一体的に保全することができません。しかし、放っておけば農地はどんどん耕作放棄され荒れていきます。

また、埼玉県には「みどりのトラスト協会」という県が設立したナショナル・トラスト組織もありましたし、自治体による土地取得もそれなりに広がっていましたので、必ずしも私たちだけがトラスト活動を行わなくてもよいのではないか、という意見もありました。さらに、２０００年代に入って地方行政における官民の役割の見直しが進み、指定管理者制度[*1]が導入されると、公園や環境教育施設の指定管理者になることによって狭山丘陵の保全に寄与すべきではないか、という意見もでてきました。

どれも一つ一つには理があるのですが、それを一つの団体としてどう考えるかとなると難しい場面も出てきます。例えば、ある土地を買い取るべきか否かを議論するとき、何を優先するかで判断は大きく異なってくることになります。実際、２００３年にトトロの森5号地・6号地を取得して以降、次のトラスト地取得についての合意が成立しない状況が続きました。その状況に呼応するかのように、森を買う資金となる「トトロの森基金」への寄付額は、財団創設の１９９８年以降、毎年８００万円から

＊1　地方自治法の改正により、公の施設の管理・運営を、株式会社をはじめとする営利企業・公益法人・NPO法人・市民グループなどに包括的に代行させることができるようにした。２００３年9月施行。

2000万円程度で推移していたのですが、2005年度には640万円、2006年度には420万円にまで落ち込むことになってしまいました。

こうして、2006年頃には、私たちは自分たちのアイデンティティを考え直さなければならない状況に至っていました。それは私たち誰にとっても、とても辛い時代でした。

私たちは何を目指すのか？

2007年春、トトロ財団では執行部を一新しました。さまざまな意見のズレを調整するには、新たな執行部を作るしかないと判断したからです。新しい執行部は、組織の目的を明確にし、アイデンティティ確立を目指して、2008年春に「今後10年間の基本計画を策定すること」を目的とする長期構想検討委員会を設置しました。

検討委員会には、執行部のほか、イギリスのナショナル・トラスト史を研究されてきた四元忠博氏、早稲田大学自然環境調査室を拠点に狭山丘陵の自然保護に献身してこられた大堀聡氏など、長期構想を策定するうえで欠くことのできない知見を提供してくださる外部の専門家にも入っていただくことにしました。

翌年3月まで計7回の会議を実施し（別に1回の「会員のつどい」を開催）、会議録は総計16万字にものぼりました。こうした議論の蓄積をふまえ、私たちは『トトロの森の未来に向かって：トトロのふるさと財団の〈次の10年〉構想』[*2]（**資料1**）をまと

*2 『トトロの森の未来に向かって：トトロのふるさと財団の〈次の10年〉構想』2009年3月刊行［資料1］。

トトロの森の未来に向かって
財団法人トトロのふるさと財団の〈次の10年〉構想
2009年3月
財団法人トトロのふるさと財団・長期構想検討委員会

め、発表しました。

「恒久的に保存する」という意志

この長期構想の要は、「本財団の目的と事業」を記述した以下の部分にあります。

まず、原点に戻って、あらためて本財団の目的を定義すると以下のようになる。

本財団は、狭山丘陵及びその周辺地域の良好な自然環境並びに人と自然との調和のとれた関わり方を示す歴史的景観である里山や文化財を、ナショナル・トラストの手法を用いて恒久的に保存することによって公共の福祉に寄与することを目的とする。

かつての寄附行為の目的規定をもとに、「ナショナル・トラストの手法を用いて恒久的に保存する」という一節を入れ込んだのがこの一文です。この「恒久的に保存する」は、イギリス最初のナショナル・トラスト法（1907年）における「ナショナル・トラストは、美的ないし歴史的価値を有する土地や資産（建物を含む）、ならびに自然的諸特性や動植物の生命の保存に資する土地を国民の利益のために恒久的に保存すること（permanent preservation）を促進するために設立される」という規定によっています。トトロの森の保全運動の原点に今いちど立ち返り、イギリスのナショナル・トラストの精神に学びつつ、私たちもまた狭山丘陵の自然と文化財をナショナル・トラストの手法を用いて「恒久的に保存する」と決意すること、それがこの長期構想の核心だったのです（資料2）。

2011年に財団法人トトロのふるさと財団を「公益財団法人トトロのふるさと基金」に改組した際、私たちは新定款の「目的」を次のように規定しました。

この法人は、狭山丘陵及びその周辺地域（以下「狭山丘陵」と総称する）の良好な自然環境並びに人と自然との調和のとれた関わり方を示す歴史的景観である里山や文化財を、ナショナル・トラストの手法を用いて恒久的に保存するとともに、狭山丘陵の価値を広く伝え、また地域資源の保全に係る調査及び情報収集を行なうことによって、狭山丘陵における自然環境の保護及び整備に寄与することを目的とする。

この変転極まりない社会のなかでトトロの森を「恒久的に保存」することの困難さを私たちは理解しています。「しかし、それは必要であり、やっていきたい」。私たちはそう考え、このように宣言したのです。

（安藤聡彦）

(2) いきものふれあいの里センターの指定管理者に

2006年度から、埼玉県では緑の森博物館といきものふれあいの里センター（以

［資料2］　イギリス中部リーズ近郊にあるサンドヒルズにあるナショナル・トラスト（写真＝Flickr/Andrew Bowden）

下、センター）が、東京都では野山北六道山公園などの4つの都立公園（狭山丘陵グループ）が、指定管理者制度によって運営されることになり、指定管理者の募集が行われました。これらの施設や公園については、私たちがその設置・運営にこれまで大きく関わってきたことから、2005年4月、プロジェクトチームを組織して対応策を検討していくことになりました。

その結果、「これまでの狭山丘陵の保全に関する経緯をふまえ、トトロ財団が指定管理者となって、地域の特徴を生かしながら狭山丘陵全体を見据えた保全を実践すべき」として、東京都、埼玉県の公園とも指定管理者になる方向で取り組んでいくことが確認されました。

先に募集があった東京都の狭山丘陵グループは、管理・運営の規模が大きいことやトトロ財団ではこれまで公園等の施設管理の実績がないことから、他団体と連合体を構成して指定管理者に応募しました。しかし、都の指定管理者には選定されませんでした。

次の埼玉県の指定管理者に応募するに当たって、単独で指定管理者を引き受けるかどうかを含めて再検討しました。「自前の専門スタッフを揃えられないのなら、やるべきではない」など体制面を懸念する意見も出されましたが、「緑の森博物館やセンターは私たちがその設立に大きく関わってきたので、今後も運営に関わっていくことが重要である」という意見や「狭山丘陵の自然、歴史、文化について県民自らが学ぶ場や機会を確保できることはトトロ財団の目的とも合致する」「狭山丘陵の保全・管理に向けて重要なボランティア組織づくり、及びボランティアコーディネートのノウハウを習得できる」などという意見が出され、両施設の指定管理者に応募することになりました。

結果としてセンターでのみ選定されました。

センターは、設置当初から私たちが運営協議会に参加し、協力してきた施設です。運営協議会委員の岡本俊英氏（故人）は、近くの荒幡小学校の教員として「トトロタイム」と称する総合学習[*1]を、センターと協力しながら実践し発展させました。そのノウハウは今も引き継がれ、市内の小中学校の総合学習支援というセンターの主力業務の一つとなっています。

センターは２０１８年に開館25周年を迎え、私たちが指定管理者となってから14年目になりました。利用者は指定管理者制度がスタートする前に比べて格段に増加し、年間３万人を超える人たちが訪れています。狭山丘陵の自然、歴史、文化を学ぶことができる施設として、狭山丘陵の保全の核として、今後もますます存在感を増していくことでしょう。

（対馬良一）

＊1　正式名称は「総合的学習の時間」。子どもたちが自ら学び、考える力やものの考え方などを身につけ、問題を解決する資質や能力を育むことを狙いとして実施される学習活動。

6　懐かしい景色を取り戻す

(1) 菩提樹池周辺の保全

所沢市・山口にある菩提樹池周辺の谷戸（**資料1**）は、かつてはモザイク状に多様な環境が広がり、市街化が進む狭山丘陵の中でさまざまな生きものが息づく貴重なオアシスとなっていました。この自然環境を残したいと、私は地元山口公民館の協力を得て、１９８３年から月１回、菩提樹池早朝探鳥会を続けていました。公民館の教養・学習事業「山口の自然と文化を考える」の番外編として位置付けてもらったのです。朝６時（冬季は７時）開始ということで地元の人が中心でしたが、熱心な参加者に支えられ、菩提樹池保全キャンペーン開始時にはすでに16年間、ほぼ休みなく続いていました。

早朝探鳥会や公民館事業「山口の自然と文化を考える」の参加者有志が中心になって「山口の自然に親しむ会」が作られ、観察会などで菩提樹池周辺の谷戸を訪れたり、毎年公民館で開催されている山口地区文化祭に参

［資料１］　菩提樹池周辺の谷戸風景

加し、菩提樹池周辺の魅力を紹介したりしていました。

菩提樹池周辺の谷戸に残っている自然環境は、江戸時代以前から先人たちが生活のために切り拓き、作りかえてきた環境、つまり手つかずの自然ではなく人によって改変されてきた二次的な環境です。十数年前までは手つかずの原生的な自然にこそ価値があり、人に改変された自然にはあまり価値がないと言われてきました。そのため、「手つかずの原生的な自然ではないこの環境を守ろう」と呼びかけても人々の共感を得られるのかと悩みました。そこで「菩提樹の自然ファン」を一人でも増やしたいという願いで探鳥会を始めたのです。

今は生物多様性条約[*1]との関連で、SATOYAMAイニシアティブ[*2]や生物多様性保全の大切さが語られ、環境省の『生物多様性保全上大切な里地里山』に狭山丘陵が選定されています。この概念がもっと早く広まっていれば、保全の訴えが容易にできたのではないかと思います。

その後、トトロのふるさと基金の立ち上げ準備に呼ばれました。自分一人ではここの土地を買い取る財力がないことから、狭山丘陵でナショナル・トラスト活動をするという趣旨に賛同して参加しました。

菩提樹池保全キャンペーンでは、失われゆく里山の景観とそこに依拠して命をつないできた多様な生きものの象徴として「メダカの棲める環境を守ろう」という言葉で保全を呼びかけました。また、菩提樹池周辺の谷戸の土地をナショナル・トラスト活

＊1　1992年日本も署名。生物の多様性を包括的に保全し、生物資源の持続可能な利用を行うための国際的な枠組み。
＊2　日本の「里地・里山」のように、農林水産業を中心にして、長きにわたり維持されてきた人間の手が加わることによって、長きにわたり維持されてきた環境とそこに存在する生物多様性を保全し、持続的に利用してゆくことを目指した取り組み。

動で取得して守るために、寄付を呼びかける運動をあわせて始めました。

菩提樹の谷戸は狭山丘陵全体から見ればほんの小さなものですが、山口の自然に親しむ会が十数年にわたって取り組んできた観察会や広報活動の積み重ねもあって、その大切さ、かけがえのなさが理解されたのだと思います。寄付は順調に集まっていきました。

現地では数年来耕作されていなかった田んぼを、地主さんの全面的な協力と指導を得て復田しました。２００８年から２００９年にかけて、埼玉県が「まちのエコ・オアシス保全推進事業[*3]」の保全地として周辺の雑木林や湿地の一部を公有地化し、市民の力で復活させた水田は、地主さんにより市に寄付されました。このように、以前から市が所有していた菩提樹池と合わせて菩提樹周辺の緑地は保全が図られてきています。また、埼玉県・所沢市・西武鉄道・トトロ財団・菩提樹池愛好会・菩提樹田んぼの会・自然に親しむ会の7者は「菩提樹池と周辺の緑を守る協定」を結び、年に数回保全作業に取り組んでいます。

こうした取り組みが各方面から高い評価を受け、２０１２年には東京圏生物多様性保全コンクールで環境大臣賞を受賞しました。また２０１７年には都市緑化機構の緑の都市賞のうち緑の市民協働部門奨励賞をいただきました。

こうした活動の一方、２０１３年にはキャンペーンで寄せられた寄付金を使って水源林の一部取得が実現し、トトロの森19号地が誕生しました。

＊３　都市周辺の多様な生物が暮らす水辺空間や平地林等を公有地化する取り組み。

２０１５年１月、所沢市はここを菩提樹池里山保全地域に指定しました。これで菩提樹の里山の保全の見通しがある程度ついたといえるでしょう。
（榎本勝年）

⑵ 菩提樹田んぼの復元

菩提樹田んぼは、トトロ財団が１９９９年に開始した「菩提樹池保全キャンペーン」をきっかけに再生された田んぼです。地主さんのご厚意で提供していただいたこの休耕田には、すぐ隣の田んぼまで埋められて資材置き場となるなど破壊の手が迫っていました。

菩提樹池周辺では高度経済成長期に開発が進み、田んぼを放棄する農家が増え、農業用のため池だった菩提樹池はもはや維持管理できないとして１９７８年に所沢市管財課に引き渡されました。地元住民でさえこの辺りには自然はなくなってしまったと感じていましたが、ここを訪れる人の間では菩提樹池周辺にはまだすばらしい自然環境が残っているという認識が徐々に広がっていきました。

１９９８年には、隣接する狭山湖畔霊園の拡張計画が明らかになり、菩提樹池周辺の保全が急務となりました。連絡会議や山口の自然に親しむ会は「菩提樹池周辺の環境保全を求める要望書」を県と市へ提出するとともに、霊園事業者と協議を重ねた結果、今回の工事を最後として墓地開発は行わないという誓約書を提出させました。このように迫りくる開発の波に対抗して始めた菩提樹池保全キャンペーンの活動の一つが、田んぼの復元と田んぼ耕作に欠かせない池の再生作業でした。

当初の菩提樹池保全キャンペーンの協力者名簿には、菩提樹池周辺の環境を見守り、観察を続けてきた山口の自然に親しむ会のメンバーが多くを占めていました。1回目の田んぼの復元作業は、地主さんの指導のもと、1999年12月19日に24名で実施。2枚の田んぼが復元され、翌6月に最初の田植えをすることができました（**資料1**）。

一方、よみがえった環境を把握するために、2001年3月から翌年10月までの約1年半、トトロ財団の調査委員会が菩提樹池とその周辺の生物調査を実施し、菩提樹池早朝探鳥会の野鳥観察記録（1985～2002年）と植物観察記録（2000年3月～2002年2月）も加えて「菩提樹池環境調査の報告会」が行われました。

1999年12月から2003年12月末にかけて田んぼの復元と耕作、そして菩提樹池の修復・清掃作業を実施してきましたが、2004年になって「菩提樹田んぼの会」がトトロ財団の内部組織の位置付けで発足し、2年後の4月には菩提樹田んぼの会は財団から独立したのです。2007年、菩提樹田んぼや周辺の畑は市に寄付されて市有地となりましたが、田んぼ及び周辺緑地の保全作業は菩提樹田んぼの会が引き続いて継続し、現在に至ってい

［資料1］　菩提樹田んぼの最初の田植え

ます。

（佐藤雅生）

7　緑の森で　保全の試み

さいたま緑の森博物館の開館記念式典が行われたのは、１９９５年７月１日のことでした。入間市宮寺地区の約65ヘクタールと所沢市糀谷・堀之内地区の約20ヘクタールの狭山丘陵に、雑木林そのものを野外展示物とする博物館（オープンミュージアム）を埼玉県が整備する取り組みですが、今回はそのうちの入間市分65ヘクタールのみの開館でした。所沢市分20ヘクタールは１９９８年までに整備するという予定が示されていました。

整備費は約18億円。大部分の土地は借地により確保し、枢要な施設の敷地のみを用地買収してスタートしています。管理運営は、地元の入間市に委託して行うことになりました。

早稲田大学進出問題のところで詳しく述べたように、１９８６年11月に公表した雑木林博物館構想と趣旨を同じくするこの事業は、市民が勝ち取った具体的な保全の成果です。１９９０年６月には「緑の森博物館（仮称）基本構想」が知事決裁され、調査検討の予算も計上されるなど、事業の早期実現が期待されていました（38ページ参照)。

しかし、1994年から始まった造成工事など具体的な施設建設の形が見えてくると、管理運営の詰めがなされていないことへの不安が大きくなってきました。

「18億円もの事業費をかけたのだから、雑木林の保全をベースにしつつも、利用者の声にも配慮した管理運営をしていきたい」と県の担当者は言うのです。利用者の声とは便利なことばです。さまざまな「声」をただ無秩序に受け入れるだけでは、ようやくめどがついた狭山丘陵の保全に暗雲が立ち込めてきます。しっかりした管理運営の方針を持たなければ、「何でもあり」の世界になってしまうでしょう。

実例として次のような報告がありました。

「うっそうと茂っていた笹薮を刈り払って見通しが良くなった林内の路に、モトクロスバイクが進入して林床を丸裸にしてしまいました」

「水鳥の池にブラックバスを放す者がいて、在来の水生生物は食べつくされてしまいました。加えて、バス釣り愛好者が集まってきて水鳥の池はまるで釣り堀のようになっています」

「そういえば、白いアヒルも池に放されていました」

しかし、こうしたことの大半は、管理者が常駐するようになってから少しずつ改善されていきました。ブラックバスの被害を食い止めるために、池のかい掘り[*1](**資料1**)を2年続けて行いましたし、自然観察路の要所にはバイクの侵入を止める柵を設置し

＊1 農業用のため池の水を農閑期の冬場に抜き、堆積したヘドロや土砂を取り除く作業。外来生物の駆除を目的としたかい掘りが最近各地で行われている。

[資料1] 1995年6月、「水鳥の池」でのかい掘り。

ました。

緑の森博物館は、設置の根拠条例を有していませんでした。そのため、単に埼玉県の事業として運営しているだけと見られても仕方なく、不安定な面は否めません。条例を早く制定してほしいという要望を再三にわたって出してきましたが、２００５年になってようやく「緑の森博物館設置条例」が公布されました。ただこれは、私たちの要望を受け止めたというわけではなく、指定管理者制度を導入するためにやむなく制定した、というのが真相のようです。

２００６年、管理が入間市から指定管理者に移行しました。トトロ財団も指定管理者に応募しましたが、岩堀建設工業株式会社が指定され、５年間の管理を行った後、株式会社自然教育研究センターに代わりました。

２０１２年になって、緑の森博物館のうち所沢市分約20ヘクタールの整備が検討され始めました。入間市分が１９９５年に開館して以来、17年に及ぶ長期間、未整備のままになっていたエリアですので、ようやくの感がありました。これで入間市分と合わせた広大な樹林地が埼玉県の自然ふれあい施設として正式にオープンすることになります。

課題としては、所沢市エリア内の主たる散策路のルートを決めること、保全と活用に関する協定を締結すること、樹林地の整備のあり方を検討すること、がありました。このうち、散策路は希少な植物への影響を考慮してルートを一部変更しましたし、樹林地整備に当たっては十分な事前調査を行うことが確認されました。

協定の締結には、当初予定していた県と市と西武鉄道の三者に加えて、トトロ基金も加わることになりました。これで、官民が力を合わせて狭山丘陵の自然環境を保全し活用する望ましい協定の形が実現することになり、２０１２年８月には関係者が揃って締結式を行いました。

翌9月には緑の森博物館保全活用協議会が発足し、協定を結んだ4者のほかに早稲田大学や保全活動団体である糀谷八幡湿地保存会、埼玉森林サポータークラブなども参加しました。これ以降、協働作業や連携行事などによって、緑の森博物館の保全活用を着実に進めています。

その一つとして、毎年12月には糀谷《こうじや》八幡《はちまん》湿地の保全作業が行われています。よみがえらせた田んぼを中心とした環境を維持するために必要な、ため池の泥上げや樹林地の下草刈りなどに協議会参加団体が力を合わせて取り組むのです。汗を流した後に、一緒にお昼を食べながら交流することで、互いの情報を交換する機会になっています。緑の森博物館の保全活用にとって望ましい協働のあり方が少しずつできあがってきました。

（荻野　豊）

8 得られるものは？ 北野の谷戸処分場計画撤回

2019年4月28日、快晴の中、所沢市北野の谷戸で10回目の稲作が始まりました。この日は参加者への説明会と田んぼの作業でしたが、73名もの老若男女の参加がありました。

北野の谷戸は、所沢市の一般廃棄物最終処分場の候補地として、最後まで最有力候補とされていた場所です。近くにはすでに埋め立てが終わった北野第一最終処分場があります。現在、ここにはメガソーラー[*1]が設置されていますが、その南側の尾根を歩いて藤森稲荷神社の前を南に下っていくと、目の前に緑豊かな谷戸が広がります。40年以上も耕作されていなかった田んぼを復活させた場所です。

昔ながらの稲作を目指している北野の谷戸では、田おこしや水苗代[*2]づくり、4畔の草刈りなど盛りだくさんの作業があります。竹林保全のためのお楽しみでもあるタケノコ掘りもあって、北野の谷戸は多くの人たちが自然環境や景観を守りながら汗を流して作業する、笑顔あふれる場所になっています。

北野の谷戸処分場計画撤退へ

2005年、北野の谷戸が第二最終処分場の候補地になっているとの情報を得て、

＊1　出力が1MW（1000kW）を超える太陽光大規模発電システム
＊2　水田に設けて湛水状態に保った苗代。

早急に処分場反対の動きを強化して欲しいと当時のトトロ財団に伝えましたが、静観の状態でした。第一処分場に隣接している長者峰の雑木林がすでに伐採され開発されていました。さらに2か所目の処分場が建設されるかもしれない事態に、直ちに動かなければという危機感を持った人たちが集まり「狭山丘陵の谷戸を守る会」を結成し、反対の署名活動を始めました。2か月という短期間に約1万人もの署名が集まりました。市外からの反響も大きく、水源地を守りたいという人々の声があちこちから上がりました。賛同者を増やすための署名活動スタート集会や学習会、見学会を開催し、県や市への質問状、要望などを重ねました。

狭山丘陵の谷戸を守る会の目的は、「狭山丘陵の谷戸が処分場の最有力候補地に絞り込まれてしまっていることをたくさんの人に知っていただき、建設に反対し、生物の生育生息環境と源流部の豊かな自然を守ることが、次世代を担う子どもたちへの責任であることを署名の形で所沢市長に伝えること」としました。また、流域で自然を守る活動をする団体からも反対運動への賛同の声があがり、連携体制がとれたことも大きな力となりました。何よりも地域内に2か所目の処分場建設は将来の世代のためにも反対だという地権者や地元自治会からの声が、いわばヨソモノだけの反対ではないことを訴える力となり、大きなプレッシャーを行政に与えることになりました。地元の方々や他団体との連携があったからこそ集めることのできた署名数でした。

一方、2006年9月にはそれまで静観していたトトロ財団から、北野一般廃棄物最終処分場跡地を里山に戻し、北野の谷戸を第二処分場候補地から外してほしいという要望書が市長に出されました。

２００６年11月、県は「自然公園条例によって処分場は造れない」と市へ回答。市は直ちに「特例として認めて欲しい」旨の要望を出しましたが却下され、市は計画を断念することになりました。

候補地の一つと位置付けながら、北野の谷戸しか想定していなかったことも明らかになりました。市が計画を断念したのは、「自然公園条例の中の開発行為に伴う処理基準の改正により、処分場の建設は自然の地形を改変するなど自然公園の風致景観に与える影響が極めて大きいことから、認められない。処理基準に反する行為があった場合は禁止命令の対象になる」と県から指摘を受けたため、と聞きました。

もし谷戸を守る会の運動がなかったらどうなっていたのでしょうか？　処理基準が変わったことに気づかずに候補地を絞り込み、ここを建設地と決定してしまった市が、最後には県に泣きついて処分場を建設していたのではなかったか……。

それまで、狭山丘陵に無数にあった谷はゴミや残土で埋め立てられてきました。谷地は掘削費を削減できると市の担当者から説明されたことがあります。開発か自然保護か、丘陵に残された貴重な谷戸を後世に引き継ぎたいという民意が県を動かし、市に計画を断念させた事例となりました。

北野の谷戸のつどい

処分場計画撤退後の谷戸をどのように保全していくかをテーマに、２００７年９月に地域の方々と学び、考える「北野の谷戸のつどい」を開催しました。谷戸に残された生態系の豊かさを地元の方に知ってもらい、共有したいと意図したものです。「つどい」はトトロ財団の保護委員会[*3]と共催で２００８年９月までに計３回開催しました。地元の方から「谷戸には無数のホタルが光っていた。今でもその光景が忘れられない」という発言があり、トトロ財団からは豊かな植生を残す北野の谷戸で水田を復元し、ホタルの生育環境を整える計画を提案しました。これに対して地元の方から谷戸田が提供されるなど、大きな賛同を得ることができました。

トラスト地誕生

こうした取り組みと並行して、北野の谷戸の中にある山林を取得することで最終処分場建設を食い止めようと、地権者との交渉を重ねてきました。処分場計画が撤回された後も、谷戸の景観と豊かな生態系を保全するために土地の取得交渉が続けられ、２００８年11月、ついに念願のトラスト地が誕生しました。竹の生い茂る山林をトトロの森７号地[*4]（**資料1**）として取得することができたのです。

その後、２０１０年１月に11号地取得[*5]（**資料2**）、２０１２年３月には反対運動に協

＊３　狭山丘陵やその周辺で開発の動きがあったとき、行政や地域住民から情報を集め、対策を検討するトトロ財団の組織。

＊４　トトロの森７号地：所沢市北野南二丁目、１１５１・１８㎡、２００８年11月14日取得。

＊５　トトロの森11号地：所沢市北野南二丁目、２３８５・７２㎡、２０１０年１月25日取得。

［資料１］　トトロの森７号地（上写真）
［資料２］　トトロの森 11 号地（下写真）

［資料３］　トトロの森 16 号地（上写真）
［資料４］　トトロの森 32 号地（下写真）

力していただいた地元の方からの無償寄付で16号地誕生[*6]（**資料3**）、2015年11月には32号地取得[*7]（**資料4**）とトラスト地が広がりました。トトロ財団は2004年以降、組織上の問題により活動が低迷していましたが、北野の谷戸の運動がきっかけで新たな組織に変わり、ナショナル・トラスト活動が活発化しました。その再生のターニングポイントが北野の処分場撤回運動でした。

小さな湿地の保全が広大な保全地域へ

2016年1月には市の里山保全地域（北野南二丁目里山保全地域、6・2ha）になりましたが、運動を始めた当初からは予想もできなかったことでした。

北野の谷戸の保全運動では、他団体との連携に加えて、地元の声をまとめてくれた地域のキーマンの力、行政や議会の情報を的確に判断し運動を導いてくれた議員の力がとても大きかったと感じています。一人一人の力は小さくても、賛同者を広げることで大きな運動になりました。小さな湿地の保全活動が広大な保全地域指定へと展開した自然保護運動のモデルとして、後世に語り継ぐことができるでしょう。

（菊一敦子）

＊6　トトロの森16号地：所沢市北野南二丁目、1045・97㎡、2012年3月19日寄付受領。

＊7　トトロの森32号地：所沢市北野南二丁目、4615・54㎡、2015年11月17日取得。

地域のキーマンであった小暮博文さんのお話

谷戸との関わりはもう長い、と語られた小暮博文さん。ボランティアグループ「北野の谷戸の芽会」の作業指導者であり、無償で使わせていただいている田んぼの持ち主でもあります。北野の谷戸で生まれ育ち、その変遷を目の当たりにしてこられました。

折しもこの地域に2つ目となる最終処分場建設が決まろうとしていたとき、小暮さんはちょうど自治会の副区長をされていました。もはや仕方ないという諦念が地域全体に広がっていたなか、(区長と相談し) 臨時総会でこの問題が提起されるよう取り計らい、無記名投票を実施。結果、票決は建設反対多数となり、それはすなわち地域の意思表明となりました。

時を経ずして北野の谷戸保全の取り組みは全市的な運動に発展しました。ついに建設計画が撤回された年に所沢西ロータリークラブ[*1]の会長に就任された小暮さんは、地区のテーマを「身近な緑を見直して この自然を次の世代に遺して 受け継いで もっとよくしていこう」とした、とおっしゃいます。そして6月、クラブのメンバーを対象に、市内の緑地、そして谷戸を歩いて見てもらう催しを実施しました。所沢市では自然の土の道を歩くことはまずなくなってしまいました

＊1　社会奉仕を行動の指針とする国際的社会団体。

が、ここ北野にはまだ残されていました。

田んぼ提供のきっかけは公民館で行われた北野の谷戸のつどいでした。水田を再生したところホタルが戻ったという事例を聞き、それが叶うのであれば提供してもいいかなと思ったといいます。

水田を再生した最初の年の夏。ある夜、小暮さんに一本の電話がありました。

「ホタルがでた」

当時、足を踏み入れられないほど荒れていた北野の谷戸。こんな敷地で、どのようにして生き延びていたのかと打ち震える気持ちだったという小暮さん。かつて幼い頃にはホタルが庭にも飛んできて、捕まえて蚊帳の中に放したりしていたと懐かしそうに語ります。

市民による水田再生は周辺の緑地を含めた取り組みに拡がり、ついに2016年、所沢市初の里山保全地域となりました。乱開発や墓地建設など、開発のうねりは狭山丘陵各所にわき起こります。しかしこの北野の谷戸は市民の気持ちが結実した象徴的な場となりました。「この経緯と成果が他の地域に及ぼす影響も大きいでしょう」。そう静かに、かつ決然と語る小暮さんの表情は穏やかなものでした。

かつて（小暮さんの幼少期）は子どもたちが生きものと戯れる遊び場だったという谷戸に、今は3世代の人々が集うようになりました。学校の部活動の一環として田んぼに来ていた子が、卒業後は個人としてやってきます。

「ゲーム世代の子どもたちがよく来てくれたと思う」とおっしゃる一方で、それも谷戸を懐かしいと感じるからなのだろう、とも。

小暮さんから次の世代へ。自らの意思で谷戸に集う若者たちが、これからの谷戸をつくっていくのでしょう。

（聞き手：花澤美恵）

9　ここは近代化遺産　クロスケの家取得から文化財登録

活動拠点取得の背景

トトロのふるさと基金は活動開始以来、西武池袋線小手指駅近辺のマンションに事務局を置いてきました。交通の便はよかったのですが、何ぶん私たちのフィールドである丘陵からは距離があります。また何よりも取得した森を管理するためにはさまざまな道具や機具とその保管場所が必要で、事務局とは別に活動拠点が必要だと感じるようになってきました。

２００２年夏頃から物件を探し始め、たくさんの候補地を見て回った挙げ句、ようやく2004年暮れに所沢市三ヶ島の和田茶園さんの旧邸を取得することができました（**資料1**）。周りを茶畑と木立に囲まれた古民家のたたずまいは見事で、私たちはこの屋敷に一目惚れしてしまったのです。

「クロスケの家」の誕生

活動拠点の取得後、私たちは屋敷全体の清掃を行うとともに、具体的にここをどう利用していくか検討を始めました。ところがそれがなかなか進みません。長くこの地で養蚕や茶業を営んできた旧家ですから、立派な母屋のほか、茶工場や土蔵、豚小屋や羊小屋など、たくさんの建屋が並んでいました。それら一つ一つをどうしていくのか、場合によっては修復するか解体するか、とても複雑な問題です。しかもこの時期は、先に示したように、今後の私たちの活動の在り方そのものが議論のさなかにありました。拠点整備のための検討が本格化するのは、取得後3年ほど経た2007年に入ってからです。

まず、「活動拠点」ではあまりにも厳《いかめ》しいというので、愛称の募集が行われました。会員の皆さんからいくつかの提案が寄せられ、「クロスケの家」という名称に決まりました。屋敷の至るところにマックロクロスケが潜んでいそう、というのがその由来です。2007年11

［資料1］クロスケの家：所沢市三ヶ島三丁目1169番1ほか、2895・84㎡、2004年12月8日、公売により取得、取得金額＝約1億円。

月には、支援者に向け「クロスケの家」のお披露目会を開催しました。

専門家の協力を得て

クロスケの家をどのような場所として利活用していくのか、あらためてそのための計画作りが課題となり、歴史的建造物保存が専門の山中知彦氏と相談しながら、徐々に計画作りが始まりました。初めてクロスケの家を訪問された山中氏は、この一連の建物が歴史的建造物として貴重であり、文化庁の登録有形文化財[*1]の指定を受けることも十分可能であること、そのためにはまずはきっちり学術調査を行うことを提案して下さいました。そこで私たちはこの調査を工学院大学の後藤治研究室にお願いし、茶業建造物建築史の専門家である二村悟氏らとともに建物全体の調査を実施、その結果を「クロスケの家：旧和田家製茶関連施設調査報告書」[*2]として公表しました（**資料2**）。以下に一部を引用します。

> 旧和田家は、養蚕業から茶業に転換した農家である。当初の生業であった養蚕業の時の形や場所をとどめていながら、その後の茶業の様子をよく残しているという点で、きわめて稀な例といってよい。（中略）
>
> 茶業は、我が国の伝統産業であるにもかかわらず、かつての生産施設に関する研究はほとんど進んでいない。時代が降って第2次世界大戦の後であっても、往時の様子

＊1　近代等の文化財建造物を後世に幅広く継承していくために、保存及び活用についての措置が特に必要とされる建造物を登録する制度。

＊2　「クロスケの家：旧和田家製茶関連施設調査報告書」2009年3月、財団法人トトロのふるさと財団［資料2］。

はほとんど知られておらず、記録もされていないのが実態である。

そのなかで、旧和田家では、すでに50年が経過したかつて茶業と生活との関係が、実物の建物から俯瞰できる。このことは、狭山丘陵という茶業の一大産地という地域性を加味することで、より重要な意味を持つといえる。

茶工場を含めた4棟の建物は、いずれも茶業のために建てられたものではなく、転用して茶業に利用した形である。けれども、第2次世界大戦後に茶業が盛んになる狭山丘陵では、こうした転用による生産もひとつの典型的な茶業の形態であり、旧和田家のような変遷が、この地方の一般的な茶業農家であった可能性もあることが判明した点で、歴史的背景を知ることのできる貴重な事例である。

この報告を受け、私たちは２００９年８月に「クロスケの家活用検討委員会」を立ち上げ、小手指事務所のクロスケの家への移転を前提として、活用計画の検討に入りました。同委員会により２０１０年４月に「クロスケの家活用計画」がまとまりました。母屋、土蔵、茶工場、茶蔵、茶冷蔵庫といった製茶関連施設を中心に建物全体を改修・保全し、「屋内外に利用者の活動の場を整備するとともに、地域の生業の記憶を伝える」ことを目指すものでした。この計画に基づき２０１０年度に改修工事を行い、２０１１年目指には事務局が移転、ここに現在のクロスケの家が完成します。その後、母屋・茶工場・土蔵の３施設を登録有形文化財に申請し、無事２０１３年末には登録されました。

現在、クロスケの家を一般公開している火、水、土曜日には、国内外から数多くの見学者が来訪し、狭山丘陵の農家の昔ながらのたたずまいにふれています。

私たちのミッションを発信する基地として

このように、活動拠点として取得・整備してきたクロスケの家ですが、これからは私たちの活動のミッション、すなわち「狭山丘陵の自然と文化財をナショナル・トラストの手法を用いて恒久的に保存する」ことをさらに多くの方に理解していただくための情報発信地として充実させていくことが求められます。

クロスケの家をきっかけに、狭山丘陵はもとより国内外で広がりつづけるナショナル・トラスト活動の価値と課題について理解を深め、私たちとともに活動を進める仲間になっていただければと願っています。

(安藤聡彦)

10 持続可能な組織へ 公益認定に向けて

活動態勢の整備

ナショナル・トラスト活動を始めてから1年8か月が経過した1991年12月に、トトロのふるさと基金に寄せられた寄付額が1億円を超えました。発足時の目標金額を達成したことになります。当初から2年間の活動を目途として始められた活動でしたので、これから先の活動をどうするかを考える時期になっていました。

トトロのふるさと基金の活動は、25人を超える委員で構成する「トトロのふるさと基金委員会」が主体となって進めてきましたが、その組織としては任意団体に過ぎませんでした。ボランティアとして活動する委員の年齢や職業は多種多様です。各々の委員が並外れたパワーとセンスを発揮して、寄付金集めから土地の取得まで突き進んできたのですが、成果を上げれば上げるほど同時に社会的な責任も重くなってきます。

「電話番やパンフレット送付などの作業であれば手伝えます」ということで参加した委員もいましたので、1億円もの寄付金をいただいたことに伴う責任まではやはり引き受けられない、と考えたとしてもおかしくありません。各人が自らの関わり方を立ち止まって考えるときに来たと思われましたので、ナショナル・トラスト活動の継続の是非とあわせて、委員会で話し合いました。「委員」のほかに「協力者」という区分を新たに設けて、本人の意思で委員から外れて、外部からトトロのふるさと基金を支える役割を設けることにしました。活動の継続の是非については、寄付を呼びかけた責任の重さを踏まえ、大きく発展させていく方向を確認しました。

そのうえでの課題として、事務局に有償スタッフを置くこと、望ましい組織のあり方として法人化の検討が挙げられました。寄付金の処理と寄付に関する問い合わせや苦情への対処などのほか、1991年9月から始めたトトログッズの注文への対応が新たな事務作業となってきましたので、パートタイムで事務所に詰めてもらう方を探すことになりました。

また1993年には、事務局を置いているワンルームマンションの一室が手狭になったことから、小手指駅南口から徒歩5分ほどにある建物の1階に引っ越すことにしました。以前は塾として使われていた部屋なのである程度の広さがあり、トトロのふるさと基金のさまざまな活動の拠点として活用できるようになりました。

法人化の検討

ナショナル・トラスト活動に必ず付随する「寄付金の受け入れ」と「土地の取得と保有」については、当初から心配していたことがありました。トトロのふるさと基金委員会は任意団体でしたので、寄付金をいただいても寄付者に税の控除などはなく、土地を取得しても自ら登記して保有することもできません。法律的な人格を持っていないのです。

そこで、幹事団体の一つであった財団法人埼玉県野鳥の会[*1]と協議して、「寄付金の受け入れ窓口」と「取得した土地の名義上の所有者」を埼玉県野鳥の会とすることに

＊1　日本野鳥の会埼玉県支部から発展して独立したのが「財団法人埼玉県野鳥の会」であり、その後「財団法人埼玉県生態系保護協会」となった。現在は「公益財団法人埼玉県生態系保護協会」。

しました。しかし、やはりそれはわかりにくく、寄付者の思いとずれてしまうのではないかという心配がありました。

そこで、トトロのふるさと基金委員会としての組織のあり方について、小委員会を立ち上げて検討を進めることにしました。「1万人以上から1億円を超える寄付が寄せられ、トトロの森1号地を取得した」という成果が得られたことから、事務局体制の整備を図り、委員の円滑な活動を可能にする環境を作る必要がでてきたのです。

1992年12月に組織検討小委員会からの報告があり、法人化に伴う得失を検討した結果が示されました。財団法人がふさわしい組織形態であるとの見解を示したうえで、効果としては、

①運動を永続的に継続する意思を示すことができる
②社会的な信用が高まる
③寄付などの支援が得られやすくなる
④土地などの資産保有に問題が生じない
⑤委託事業などを受けやすい

などの点が挙げられました。

一方でいくつかの問題点も指摘されています。基本財産を確保できる目途はあるか、経常的に必要となる経費がコンスタントに調達できるか。加えて監督官庁の恣意的な口出しも懸念されました。そもそも財団法人設立許可[*2]を得るまでの交渉がどれほ

＊2 当時、公益の実現を目的とした非営利の法人は、旧民法第34条により、監督官庁の許可を得て財団法人又は社団法人になることができた。

ど大変なことかと、不安は募るばかりでした。

活動の規模から考えると、国ではなく都道府県知事の許可がふさわしいのですが、狭山丘陵は東京都と埼玉県にまたがっていますので、活動エリアは両者を含むことになり、やむなく国（環境庁、当時）になってしまいます。そのため、基本財産は３億円以上必要とされ、年間の事業費は４０００万円のレベルが求められるのです。とてもたいへんな金額です。加えて、経常的に見込める収入源が必要とされ、その意味から恒常的な会費収入や寄付金収入が求められました。あまりにグッズ販売に依存した収益構造は公益法人としてふさわしくないとされたのです。

財団法人設立へ

１９９６年5月1日から会員制度がスタートしました。7月には会員数が１０００人を超え、想定以上の反響でした。会員制度は、環境庁から法人化の前提条件として示されたことでしたので、ひとまず安心しました。しかし、他に指摘されたいくつかのこと、例えば財政規模自体が小さすぎることなどは解決されていません。

環境庁の担当者が異動するたびに説明を最初からやり直さなければならず、伝えられる許可の基準も担当者によってぶれる有様でした。そこで、当時参議院議員だった堂本暁子氏に仲介を頼み、１９９７年12月に環境庁の担当官に説明する場を持つことができました。その際に、財団法人の基本財産となる3億円を確保できる目途が立ったことなどを説明しておおむね了解の言葉をもらい、ようやく一歩進んだ感触を得ることができました。

1998年4月20日、環境庁所管の財団法人として設立が許可され、「財団法人トトロのふるさと財団」（トトロ財団）が誕生しました。長い間の懸案が解決したのですが、別の問題も同時に生じていました。

特定公益増進法人

財団法人になっても、「特定公益増進法人（以下、特増法人）」という資格を別に取得しなければ寄付に係る税制上の恩典を受けることができません。それまでは特増法人に認定済みの埼玉県生態系保護協会（旧、埼玉県野鳥の会）に寄付の受け口になってもらっていたので問題は生じてきませんでしたが、今回、埼玉県生態系保護協会から独立して別の法人格を持ったので、自ら特増法人になる必要がありました。

2001年度の事業計画には特増法人を目指すことをうたい、取り組みを進めてきましたが、翌年4月に環境庁から厳しい判断が出されてしまいました。グッズ販売に係る事業費比率が大きいため、公益目的に係る事業費が総事業費の70％以上でなければならない、という基準を満たすことができないのです。その後、さまざまな対策を講じてみましたが、どうしても特増法人の認定を取得することはできませんでした。

公益法人制度改革

2008年12月1日から公益法人制度が変わりました。「民間非営利活動の健全な発展を促進し、民による公益の増進に寄与するとともに、主務官庁の裁量権に基づく認可の不明瞭性等の従来の公益法人制度の問題点を解決する」ことを目的とした改正[*3]です。

私たちは公益法人認定を目指すことにしました。寄付をいただくことが主軸の活動なので、寄付に関する税制優遇を目指すことは当然です。公益認定されれば、これまでどうしても欲しかった「特定公益増進法人」の資格も自動的に付与されるため、是非にも公益法人にならなければいけない、と考えました。

公益法人に認定される

2010年2月には新しい定款の案を作成し、5月の理事会で修正を加えてほぼ完成しました。その他にも、たくさんの規程類を検討し、新たな組織を構築し、役員の人選を進めるなど、公益法人認定に向けたさまざまな作業に取り組みました。中でも法人の名称には強くこだわりました。「トトロのふるさと財団」から「トトロのふるさと基金」への変更です。ナショナル・トラスト活動を中心とする組織であることを明確にするとともに、市民運動である組織には「財団」はあまりにも似合わない名称

＊3　公益法人制度改正の骨子
①法の要件を満たせば登記のみで一般社団・財団法人を設立可能
②一般社団・財団法人のうち、認定法に定められた基準を満たした法人は公益認定を受けて公益社団・財団法人となる
③基準を満たしているかどうかの判断は、民間有識者から構成される国の認定等委員会が行う

だと感じたからです。

２０１０年度は他にも多くの懸案事項と事業が集中して押し寄せ、稀に見るたいへんな年となりました。毎月のように臨時理事会と評議員会を開催し、指定管理者申請の検討、クロスケの家の整備工事の発注と施工管理、北中の墓地計画と直接関連するトトロの森12号地の取得などが同時進行する中で、認定申請作業が進められました。

10月に認定申請を行い、12月10日付けで公益認定相当の答申が公益認定等委員会から出されました。それにあわせて、改修が済んだクロスケの家への事務局移転が２０１１年３月３日に行われ、少し落ち着いたと思われた３月11日に東日本大震災があったのです。言葉通り「激動の２０１０年度」だったと思います。幸いにもクロスケの家は耐震補強工事をしたばかりだったので、被害はわずかでした。

公益認定書は、内閣府から３月23日に交付されました。受け取るために虎ノ門の内閣府に行きましたが、震災の余波で計画停電があるなど落ち着かない雰囲気が極めて印象的でした。２０１１年４月１日、晴れて公益法人としての「トトロのふるさと基金」がスタートしました。

公益法人のメリットとデメリット

公益法人には特増法人としての税制上の優遇措置が用意されています。特に寄付に係る優遇措置は重要で、個人が基金に寄付をした場合には所得控除[*4]が用意されていま

＊４　所得税の課税にあたって所得からあらかじめ一定の金額を控除すること。

すし、税額控除[*5]を選択することもできます。寄付によって活動を支えられている私たちとしては、大きなメリットになります。また、土地などの資産の寄付の場合には、譲渡所得税を非課税にすることもできるようになります。これはたいへん重要なことであり、ナショナル・トラスト活動の遂行にあたっては必要な条件になります。

ただ、一方では厳しい制約も課せられました。法人統制（ガバナンス）と法令遵守（コンプライアンス）、情報公開（ディスクロージャー）が常に厳しく求められます。監督官庁制度を脱却したからこそ、法人自身の自治能力が大切です。

会計面でも同じような厳しさがあります。公益目的事業で収益をあげてはいけないという原則があるため、収益事業などで稼ぎ出す能力がないと持続的な経営はできないのです。また内部留保できる金額に上限が設定されているため、十分な貯えを持つことができず、常に綱渡りの経営を強いられます。報告書類も煩瑣《はんさ》を極めますので、しっかりした事務局スタッフが必要になります。こうした多方面にわたる得失を見極めたうえで、公益法人に移行する覚悟を決めなければならないのです。

（荻野　豊）

＊5　課税所得に税率を掛けて税額を算定してから差し引く控除のこと。

第2部
トトロのとりくみ

コラム 2

狭山丘陵の成り立ち

空から見ると、住宅地の広がる関東平野西部に緑のオアシスのように連なる丘陵地、それが狭山丘陵です。

狭山丘陵の高まりを造る元になっている地層は、約180万年前に堆積した上総層群の一部をなす狭山層ですが、地上で見ることのできる地層は30万年前からかつての多摩川が堆積させた扇状地性の堆積物で、芋窪礫層《いもくぼれきそう》と呼ばれます。芋窪礫層は最大で30㎝ほどの風化した丸い礫*1を含み、礫の供給地は東京都の奥多摩連山です。かつての多摩川はとてもたくさんの土砂を運び、青梅を頂点として、手のひらを広げたような形の大きな扇状地を形成しました。現在の狭山丘陵は、かつての多摩川が形成した扇状地を新しい時代の多摩川が侵食した時に削り残された標高の高い部分です。

この扇状地を作る芋窪礫層の上には、数万年にわたって関東周辺にある火山を供給源とする火山灰や、風で運ばれて来た土ぼこりが厚く覆い被さり、赤土や関東ローム層と呼ばれる黄土色をした土壌を作っています。ロームは砂・シルト*2・粘土がほぼ等量ずつ混ざり、水はけのよいのが特徴で

＊1　砂よりも大きい、小さな丸い石のこと。
＊2　砂より小さく粘土より粗い砕屑物。

す。また、火山灰はミネラル分が多く、植物の成長を促す効果があります。

狭山丘陵には大きく分けて二つの東に向かう大きな谷が発達していて、これはかつての多摩川が形成した扇状地を流れる河川の跡が、後の時代にさらに侵食を受けて大きな谷になったものと考えられます。この二つの谷には東京の水道需要をまかなうために昭和初期に堰堤が建設され、狭山湖と多摩湖ができました。湖周辺は水源地のために立ち入ることができませんが、そのおかげで付近の貴重な自然が広い範囲で残されています。

クロスケの家やトトロの森の多くは、この狭山丘陵を縁取るように広がる、丘陵地から台地への遷移帯に位置しています。この地域は右記の通り、関東ローム層が覆うためにミネラル分に富んで水はけが良く、桑の木やお茶の生産が盛んな地域です。また丘陵地に形成された浅い谷は、丘陵を作る礫層とその下の基盤岩との間に湧き水を発生させ、水の豊富な谷戸を形成しました。武蔵野の人々は、水はけの良い台地と水が豊富で風よけに最適な谷戸、薪炭林として急峻すぎずちょうどよい起伏の丘陵地を、それぞれの地形や地質の特徴を上手に使って暮らしてきたのです。（小暮岳実）

1　知ってもらう

散策ガイドブック「狭山丘陵見て歩き」を刊行

狭山丘陵のすばらしさを一人でも多くの方に知ってもらいたい。そのためにはまず狭山丘陵の楽しく歩ける散歩道について伝えたいと考えました。そこで１９８９年、市民の森にする会は『狭山丘陵見て歩き』**（資料1）**という散策ガイドブックの制作に取りかかりました。丘陵全域の散策路を紹介したガイドブックはこれまでにはなかったことから、新しく12のコースを設定しました。執筆はすべて地元で活動する自然愛好家が担当し、収録したイラストマップも地元の考古学研究者がボランティアで描き下ろしたものでした。刊行のタイミングは折しもトトロのふるさと基金の立ち上げと重なりましたので、本に付けた帯で基金への寄付を呼びかけたりしました。

幸いにもこの本は好評を博し、当時はこの本を手に歩いている方をとても多く見かけました。そこで発売を記念して毎月１回、紹介したコースを歩くイベントを企画しました。

第１回は八国山コースで、参加者はなんと３００人。第２回は菩提樹池コースで

［資料１］『狭山丘陵見て歩き』幹書房、初版 1990 年 4 月 20 日。

［資料２］ 狭山丘陵全図・トトロのふるさと歩く道

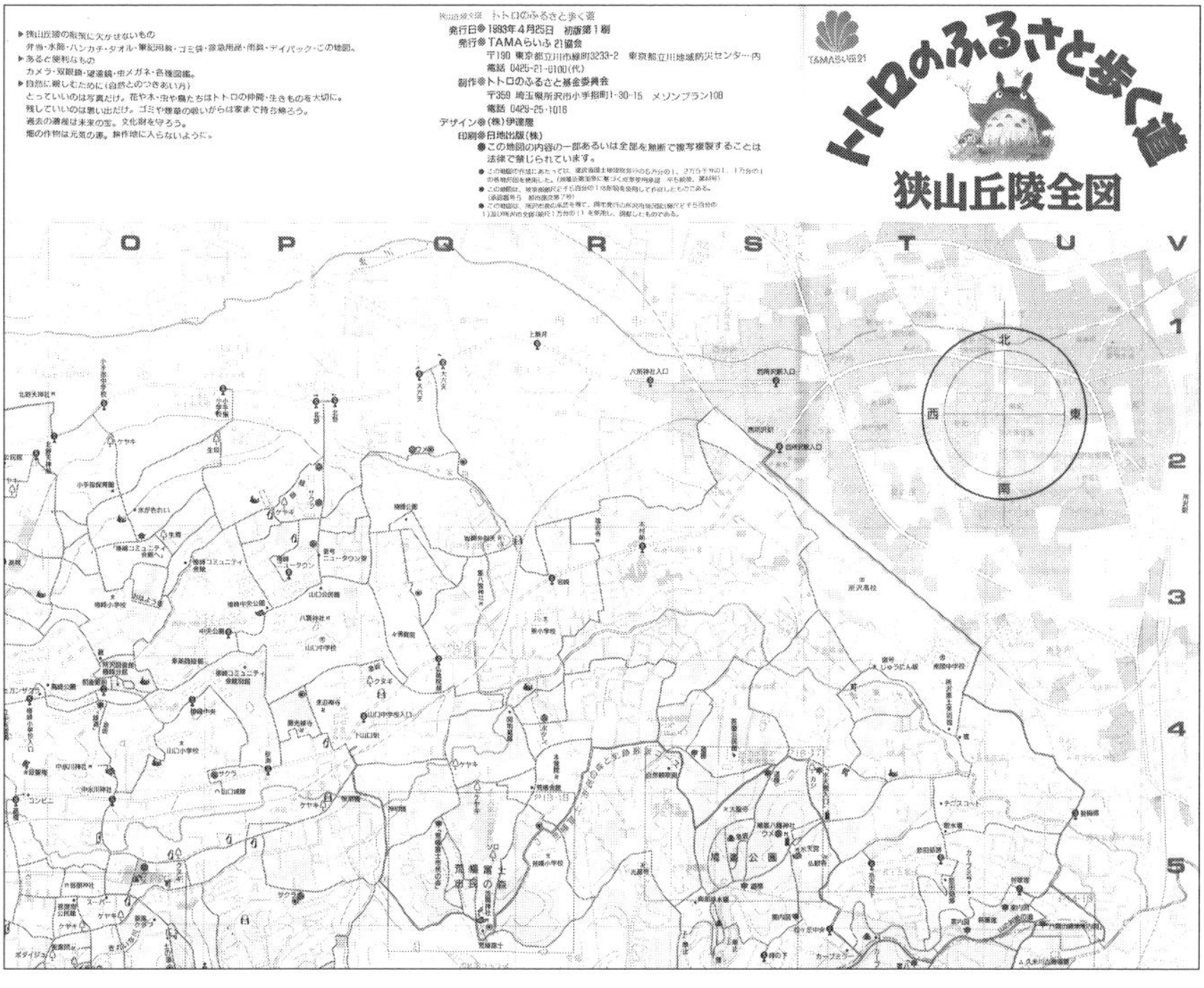

191名。第3回は野山北公園コースで106名でした。

丘陵地の細い山道を歩くイベントに50人を超える人数が集まるというのは、そもそも想定外の事態です。それが300人も集まってしまったのですから、担当者の驚きはとても大きいものでした。

1992年5月には、TAMAらいふ21協会*1から声を掛けられて、狭山丘陵の自然散策マップ作りに取り組むことにしました。通常、行政が作る散策マップではその行政区域だけの地図になりがちですが、今回はその枠を外れ都県をまたいだところに意味があります。狭山丘陵は埼玉県と東京都に分かれてはいても、自然は連続していますし、歩いて楽しい道もつながっているのです。

行政境界を気にすることなく狭山丘陵のすべての道をもう一度歩き直して、統一的な地図記号を使って表現することにしました。見晴らしのいいところ、花見の名所、ネットフェンスの続く道など、これまでの地図ではわかりにくかった部分を明確にしました。地図の裏面には狭山三十三番観音霊場マップや観光農園マップなども参考として収録してあります。

約1800万円の作成委託を受けて、『狭山丘陵全図・トトロのふるさと歩く道』は1993年4月に完成しました（**資料2**）。付録の「こみち図鑑」では、特に自然が豊かで景観がすばらしい12か所を抽出して、より詳細な案内と説明を加えた拡大地図を収録しました。この狭山丘陵全図のできあがりは十分に満足できるものでしたが、

＊1　多摩地域が神奈川県から東京都に編入されて100年を記念して、1991年につくられた都の外郭団体。

そこに収録された情報は、30年ほどの時間経過によって、現在ではほとんど歴史的遺物のようになってしまいました。仕方のないことではあります。

（荻野　豊）

2　森を調べる

調査活動のあらまし

トトロのふるさと基金調査部会が行うトトロの森の調査活動には、大きく3本の柱があります。管理方針の提案・希少種調査・水質調査です。

①管理方針の提案

新しいトラスト地を取得した後は、その土地をどのように管理していくのか決めなければなりません。そのためにはまず森の現状を把握することが必要です。「森の現状を知ること」が調査部会の一番重要な仕事です。

• 植生調査：その森にどんな樹木や草本植物[*1]が生えているのか、樹木の大きさや植物の量を調べます。

＊1　植物の地上に出ている部分が軟らかで木質になっていないものの総称。くさ。

・環境条件：調査地の環境条件を評価するために、その土地の傾斜、土壌のph[*2]や硬さを測定します。

こうした調査結果をまとめて調査報告書に取りまとめ、管理方針を作成します。ここでは一例としてトトロの森37号地の管理方針を示します。

37号地は住宅地に隣接して宅地開発から免れた貴重な樹林地である。人々が眺めた時に安心感を与えてくれる明るく優しい森を目指したい。コナラとヤマザクラを主体とする森を目指して管理を行なう。そのためには多くあるシラカシやアオキなどの常緑樹とツル植物の除伐を行ない、定期的な下草刈りを実施する。早春に目を楽しませてくれるヤマツツジやウグイスカグラなどは残すようにする。下層植生のサイハイランやシュンランなどの希少植物は保全、育成に努める。

②希少植物調査

近年の急激な都市化の進展によって、以前は身近に見られた植物の中にも数を減らし絶滅が危惧されているものがあります。そのような希少植物の実態を調べ保全していくことも大切な活動です。現在調査を継続している希少植物はいくつかありますが、13号地のカタクリを例に挙げましょう。かつてはカタクリが群生していたという13号地でしたが、２０１１年の取得時は荒廃した暗い竹林となっていて、カタクリの

＊２　酸性・アルカリ性の程度を示す数値。

花株はわずか9株にすぎませんでした。竹を皆伐し林床を明るくするという管理方針に従って管理作業をしたところ、2020年には2221株にまで増加しました（**資料1**）。管理方針が正しかったことの証だと思っています。

③水質調査

北野の谷戸の田んぼでは、早稲田大学の協力を得て2009年から水質調査を実施していますが、田んぼのお米や畑の作物に悪影響のある有害物質は見られていません。安心して作物作りを行うためにだいじな取り組みです。

（堀井達夫）

3　里山を楽しむ

トトロのふるさと基金の環境教育

トトロのふるさと基金の環境教育事業は、小中学校に「総合的な学習の時間」が本格的に導入されることを受け、2000年3月、学校からの要望に対応するため環境教育特別委員会として発足したのが始まりです。

［資料1］　トトロの森13号地のカタクリ株数と花株数の経年変化図（2011〜2020年）

年月日	株　数	花株数	実生（1年目）	その他
2011.4.3	757	9		
2012.4.1	1,169	70		
2013.3.24	1,656	256		
2014.3.22	1,558	333		
2015.3.24	1,381	694		
2016.3.18	2,194	582	455	1,157
2017.3.19	4,479	802	1,432	2,245
2018.3.18	11,331	1,314	4,190	5,827
2019.3.20	15,661	1,187	1,914	12,560
2020.3.14	24,851	2,221	5,989	16,641

トトロの森での体験学習では「この森には本当にトトロがいるのかもしれない」というわくわく感が、子どもたちと森との距離をぐっと縮めます。地面を這う虫や、一言では表せないような色に変化した落ち葉などの森の中の一つ一つの小さな事柄に、子どもたちがじっと目を凝らして自然と対話する時間をもたらしました。子どもたちは、季節によって異なる音や空気、気配を感じ取って絵や詩にして表現したり、「あそこにトトロがいたよ」と報告してくる子もたくさんいました。子どもたちには本当にトトロが見えているようでした。少なくとも、子どもたち自身が何かを感じ取っていたということは間違いありません。

また、学校現場で使えるものとして作成された『生きた教材・狭山丘陵 学習のてびき』（**資料1**）は、総合的な学習の時間にどのように取り組んでいいのか戸惑っている先生の助けになりました。項目にあわせて専門家を派遣しワークショップを開催してもらうなど活用を支援することで、トトロ財団の取り組みを認識してもらうという点でも成果をあげました。

２００６年４月に「狭山丘陵いきものふれあいの里センター」の指定管理者になってからは、環境教育委員会が実施してきた環境教育の取り組みはセンターの事業として行われることになりました。

［資料１］『生きた教材・狭山丘陵 学習のてびき』２００１年８月

伝統文化や里山文化を学び伝える

　事務所を三ヶ島のクロスケの家に構えてからは、古民家であることを活かして、地域の伝統文化や里山文化を学び伝えることに重きを置く活動を進めてきました。製茶業を営む農家屋敷として使われてきたクロスケの家には、かつての暮らしぶり、仕事ぶりが色濃く残されていました。土蔵には大量の衣類、民具が保管されており、ボランティアの協力を得て整理し、整備を行いました。そもそも、里山管理活動の拠点として取得したため、文化財の一般公開よりも日常的な活動に使うことを優先しています。特に広い庭は、稲や大豆などを干す作業場として重宝しています。

　トトロのふるさと基金と協力関係にある団体は、無農薬無化学肥料で伝統的な農法に取り組んでいる場合が多く、千歯《せんば》扱《こ》きや輪転機、唐《とう》箕《み》（**資料2**）などの昔ながらの農具もいくつかの団体では現役で活用しています。

　使用方法がわからない農具は、地域のお年寄りに聞き取りを行い記録を残しています。例えば、麦の穂を叩いて落とす作業のことをボー

［資料2］唐箕

チ（棒打ち）と言いますが、クルリボウという農具を使います（資料3）。実際に使うにはコツが必要で、タイミングがずれると体に当たったり、取れた麦のノギ（殻の先の突起）がチクチクと刺さってかゆい思いをしたりします。市史などには「ボーチの際にはボーチ歌を歌っていた」という記述がありましたが、私たちが実際にやってみるととてもそんな余裕はありません。しかし、地域のお年寄りにやって見せてもらうと、パタン、パタンとリズミカルに使いこなし、歌を歌っていたというのも納得できました。

麦はその後唐箕で選別し、石臼（資料4）で挽き、箱篩《はこぶるい》（資料5）で繰り返しふるうと粉になります。手作業だからといってできあがりは粗いものではありません。機械で挽かれたものかと見紛うほど、きめ細かな粉に仕上がります。人の手仕事に代わって、日々の生活を楽にするために、機械の技術は進歩していったことがよくわかります。

民具研究家の宮本八恵子氏が講演の際に話していた「ごく普通の人が、それぞれの暮らしを営む中で職人のような技術を持っていた」という言葉は、昔の生活を知れば知るほど説得力を増してきます。すべて自分の手で、初めから終わりまでの一連の作業を体験することは、現代の私たちにとっては驚きと感動と楽しみが詰まっています。

昔話の聞き取り作業の中で印象的だったのは、お年寄りの語りです。身振り手振り

［資料3］　クルリボウを使ったボーチ

［資料4］　石臼

を加えながら、一人二役、まるで芝居をしているかのように語ってくれました。テレビなどの娯楽がなかった時代には、囲炉裏端に集まり、家族で語る文化があったと聞きます。面白おかしく語るからこそ後世に伝わってきたのかと思うと、この語りも一つの技と言えるのではないでしょうか。公的な資料には残らない、日常の何気ない話は本当に愉快です。こうした聞き取りの実践活動を「懐かしのおやつ再現」「年中行事の再現」として、２０１５年と２０１６年に『里山の仕事と暮らし』と名付けた冊子にまとめました（資料６）。

誰もが楽しめる里山へ

もう一つの取り組み「バリアフリー・プロジェクト」は、バリアフリーの側面から狭山丘陵を再発見しようという試みです。ろう者でろう学校教諭でもあるメンバーを中心に、ろう者と聴者がともに森を楽しむ方法を探ることを通して、誰もが楽しめる狭山丘陵のあり方を模索しています。

聴者が考えるろう者向けの観察会は、ただ単に手話通訳をつけたものが多いようですが、実際に企画を進めていく中で、それではろう者に向けた観察会とはいえないことがわかりました。どうしても比率的に多数である聴者の一方的な押し付けになりがちですが、ろう者の考え方や意向など、まずはろう者の文化を知るように努め、企画

［資料5］箱篩

［資料6］『里山の仕事と暮らし』表紙

段階からろう者と聴者が互いの疑問や不安を率直にぶつけ合いながら進めていきました。実施するたびに課題が生まれ、完成形にはまだ程遠いのですが、少しずつ改善を重ねています。

最終的には、ろう者と聴者という括《くく》りではなく人と人との関係に尽きるという、忘れてしまいがちですが当たり前のことを再認識しています。自然を介して共通の体験をすることが、コミュニケーションの助けになることも実感しました。

多種多様な生きものがそれぞれに生活を営み、それぞれの役割を果たしつつ、つながりを持って成り立っている自然界から学べることは無数にあります。美しいものも、残酷なことも、ハプニングもあります。自然とともに生きてきた先人たちの知恵に学び、自分たちをとりまく環境や暮らしを省みることを大切にしながら、シンプルに自然の中にある楽しさを見つけて、多くの人と共有していきたいと思います。

（牛込佐江子）

4　これからもなお

トトロの森で何かし隊

2001年5月に「トトロの森で何かし隊」（以下何かし隊）が発足して早くも19年になります。この間多くのボランティアの皆さんにトトロの森の管理活動に参加していただきました。

トトロのふるさと基金発足の翌年に1号地を取得し、3号地まで取得したものの、トラスト地の具体的な管理方針は策定されませんでした。1997年には基金に里山委員会[*1]が設けられ、取得地の管理についての検討が始まりました。地元農家の協力を得て里山の管理技術を学び、また外部講師を招いて技術研修会を開催するなどして、1999年3月には3号地で初めての管理作業を行いました。その後、およそ3年にわたる管理活動への参加者の声を集約して「何かし隊」が発足しました。

何かし隊の目的は次の4つでした。

①トラスト地で自主的に活動することにより、隊員同士や地元の方との触れ合いを実現する。

＊1　トラスト地の管理などの検討を目的として設置された。狭山丘陵の雑木林や農地を維持管理しているボランティアが参加している。

②トラスト地で定期的に活動することにより、地元住民にトトロのふるさと財団をアピールする。
③雑木林管理活動を体験し学んでいく。
④隊員は登録制としトトロの森の人材バンクにつなげる。
趣旨に賛同した約30人の応募者により始まった自主運営組織でしたが、次第に隊員が増加したこともあり、トトロ財団との組織的つながりを求める声が大きくなりました。そこで2003年から何かし隊をトトロ財団内部の活動組織とし、必要経費を里山委員会に計上することにしました。また、トラスト地の管理方針は理事会で決定し、里山委員会が責任をもって運用することになりました。

何かし隊の活動で忘れてはならないのは、2004年12月に取得したクロスケの家の40回に及ぶ片付け作業です。当時のメンバーにお伺いすると大変な作業量だったとのことで、頭の下がる思いです。

2008年からトラスト地の取得が活発化し、さあこれからという時に、何かし隊発足時から運営の要となってきた職員が退職することになり、隊員から不安の声があがりました。そこで私たちは組織の見直しを行い、2011年に次の内容を明確にしました。
①名称：トトロの森で何かし隊

［資料1］ 2017年6月、取得したばかりの37号地での草刈り作業を行うトトロの森で何かし隊

②活動趣旨：取得したトラスト地をボランティア活動によって適正に保全管理する。

③位置付け：基金の里山部会に所属する。

④組織：年２回実施するボランティア登録説明会*2に参加し、トトロのふるさと基金の会員として登録したボランティアによって構成する。

２０１１年度から始めたボランティア登録説明会は、２０１９年春までに18回実施され、延べ３０５人の参加者のうち２３７人が何かし隊に登録されました。多くの方にとってボランティア活動への入り口の役割を果たしています。現在の登録者は１５３人であり、年々若い人の参加が多くなっているので今後が楽しみです。

何かし隊は、トトロの森での管理作業を毎年約20回実施し、延べ３００人ほどが参加しています（**資料1、2**）。楽しく安全に作業を行うために、隊員からの提案を受けて常に活動内容の改善を図ってきました。例えば、新規登録者に対する体験講習会や新規取得したトラスト地を歩いて巡る会の実施、活動日を月２回とし臨時活動日を減らす、サマータイム制の採用、家族を含めた隊員の交流会の実施、などです。

現在トラスト地の管理は、新規に取得した森や面積の広い森を主に何かし隊が担当し、特定のトラスト地で活動する協力団体と、緊急性の高い危険木の伐採などを行う職員チームとが連携して取り組んでいます。14を数える協力団体は、トラスト地の落

＊2　ボランティア活動に参加を希望する者を対象として、トラスト地見学や簡単な作業体験を行っている。

［資料2］　２０２０年２月、下草刈りにより林床が明るくなった37号地。

ち葉を利用する農業団体、所沢市民大学修了生グループ、企業ボランティアグループ、自然保護活動団体と多岐にわたっています。また、最近では何かし隊の有志が「ふらっと12」「30号地入間隊」を立ち上げ、12号地と30号地で活動を始めています。

協力団体である「砂川流域ネットワーク」や「ゆめとこファーム」の日頃の管理活動を地権者が高く評価し、14号地、24号地の取得につながったケースもあります。元地権者からカタクリの復活をという要望のあった13号地では、何かし隊による数年にわたる計画的な竹の伐採によって見事にカタクリの群生地がよみがえりました。

取得したトラスト地が住宅地や耕作地に隣接していることもあります。ここ数年、強風による倒木や落下枝が頻発しており、予防的伐採のために専門業者に依頼するケースが多く、この費用が高額となることは大きな課題です。

年間を通して行う管理活動によって適切に保全された雑木林では、希少種の復活も目立ってきており、四季折々にすばらしい景観を見せてくれます。非日常的な体験をすることのできる雑木林管理作業に参加することで、緑豊かな丘陵のすばらしさを皆さんと共に実感していきたいと思います。

（佐藤八郎）

5　里山の知恵に学ぶ

ふるさと農業体験

２００４年１月、地元の農家の方の理解と協力のもとに、雑木林の落ち葉を活用した有機循環型農業を体験する「ふるさと農業体験」を始めました。地域農業と雑木林の双方を元気にする取り組みです。

狭山丘陵の雑木林を保全するためには、かつてのように雑木林と農地との間での資源循環サイクルを回復することが重要であると考えたからです。しかし、「昔のように」ではなく、そのサイクルにボランティアが入る新しいシステムを目指しました（**資料1**）。

そもそも１９９８年から３年間、「エコミュージアム構想に関する研究[*1]」の「雑木林と農業のつながりを学ぶ」という項目において、武蔵野で雑木林を活用して農業を継続してい

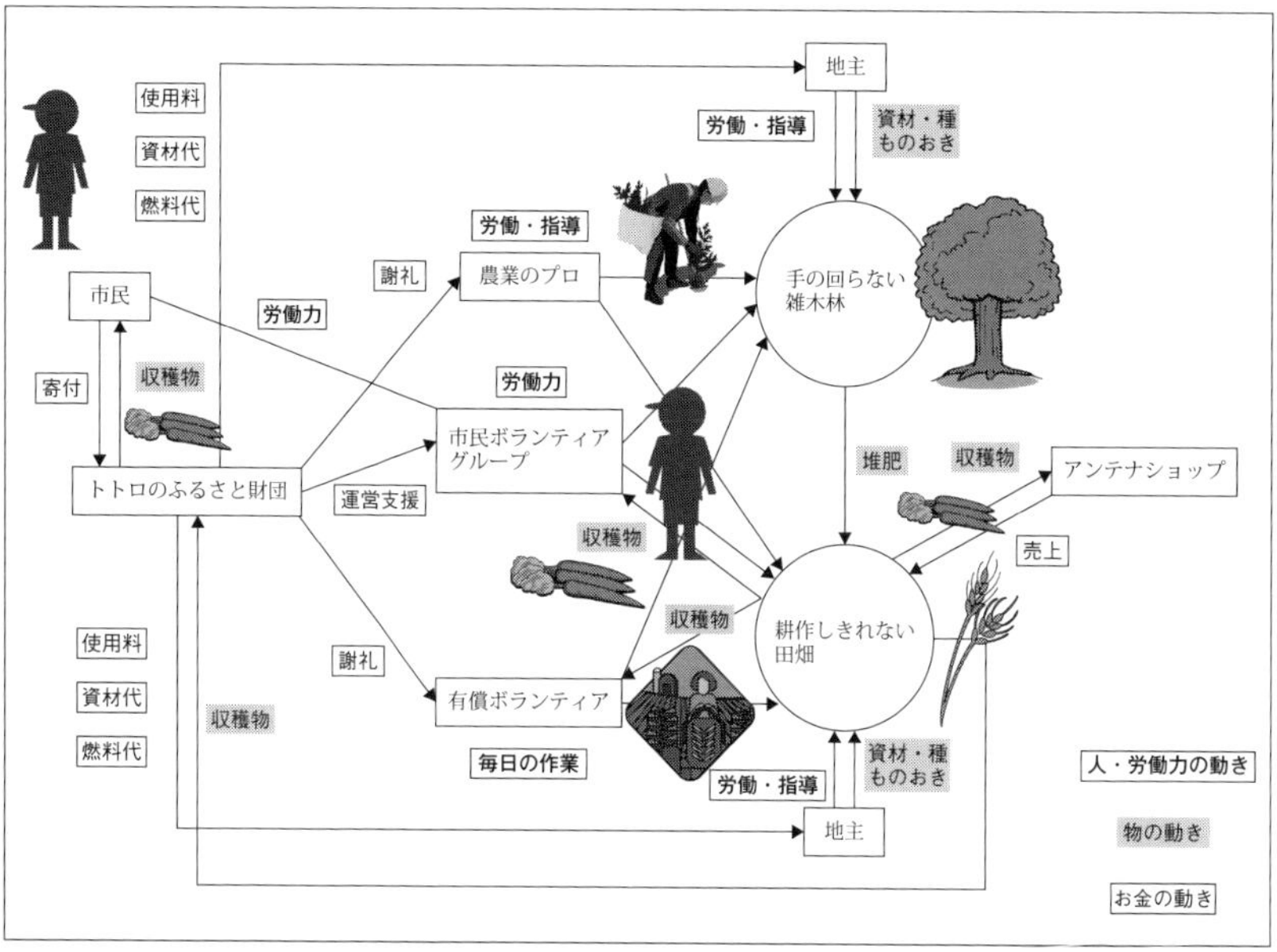

〔資料1〕ボランティアによる雑木林保全のシステム

る農家の聞き取り調査を行いました。そこには、存在意義を持った生き生きとした雑木林があり、人の暮らしとのつながりがありました。しかし、現代の生活スタイルとの差も見えました。

2000年には、エコミュージアムの3年目の実践活動として、参加者を募って1年間（月1回、全12回）の体験講座を開きました。トトロの森2号地の元地主さんの畑と雑木林を会場にして、落ち葉堆肥を作り伝統的な作付けをするなど、雑木林を有効に活用してきた先人の知恵を実践しながら学びました。参加者は、毎月変わる畑と雑木林の景色を楽しみ、落ち葉堆肥を使うことの合理性に興味を持ち、地主さんと交流しながら作業に励みました。翌春に講座が修了するとき、参加者は「トトロの里で耕し隊」というグループを作って継続することになりました。今でもその活動は続いています。

トトロ財団の里山委員会では、財団が保全しなくても持続的に雑木林が大切にされる姿を目指して、農業活性化策をシステムとして実践できる仕組みの検討が行われました。畑に地主以外の他人が入るのは法律的にも人の意識的にも壁がありましたが、地主、農家、農業委員会などたくさんの方から話を聞き、市民が地主さんの作業をボランティアとしてお手伝いすること（援農）によって、手が回らない畑と雑木林を再活用できる可能性が見えてきました。耕し隊の良好な活動状況もあり、当時、雑木林保全活動に関わっていた農家の方にご協力いただいて、ふるさと農業体験を立ち上げ

＊1　日本財団からの助成を受けて取り組んだ研究。1998〜2000年。

[資料2]　落ち葉掃き作業

[資料3]　小麦の種まき

たのです。

家庭菜園ではなく、雑木林との循環型農業を目指す援農であることを打ち出すため、1月の落ち葉掃き作業から体験活動を開始しました（**資料2**）。基本の作付けは、狭山丘陵周辺で伝統的に作られてきた小麦（**資料3**）とサツマイモとし、ほかには夏にカレーライス、冬にけんちん汁を作って食べられる野菜を計画しました。

さらに、参加者に雑木林と農業のつながりを知ってもらい、雑木林の保護への理解へとつながるように、季節ごとに狭山丘陵を紹介するイベントを組み入れました。茶摘みと茶工場見学、うどん打ちとゆでまんじゅう、ぶどう狩り、春と秋の狭山丘陵散策、みかん狩り、牛舎と東京だるま作り見学（**資料4**）、味噌作り、シイタケのコマ打ち[*2]などです。

ふるさと農業体験の将来として、修了生がグループを作り、狭山丘陵のあちこちで雑木林を活用した循環型農業を展開し、ネットワークを組めば、雑木林保全の意識が広まるのではと考えました。そこで、農業体験活動は2年で修了とし、トトロ財団が畑と雑木林の地主さんをつなぎ、継続的に畑と雑木林を利用していけるように協定を交わし、ボランティアグループの立ち上げを支援しました。

こうした活動で、狭山丘陵の雑木林は自然だけで成立しているのではなく、人の生活と密接につながっていたことを学びました。実践していくうちに、このボランティア活動は地域づくりであることも実感しました。

［資料4］東京だるま作り見学

＊2 伐採したコナラにドリルなどで穴を開け、菌糸を培養した種駒を埋め込む作業。

人の生活は、人と人とのつながりでできています。コミュニケーションを十分にとり、時間をかける必要があります。ふるさと農業体験でも、地元の方とボランティアの意見を聞いてつなぐ必要があり、そのためのスタッフ育成には時間がかかります。

ふるさと農業体験の狙いをシステムとして機能させていくには、収益をあげて継続できる経営の仕組みと組織が必要でした。しかしながら、当時は、「公益」と「収益」という矛盾を解消できず、実現への糸口を見つけることができませんでした。同じような取り組みを再開するためには、新たな切り口か、強いリーダーシップが必要だと考えます。現在でも循環型農業活動を継続して実践しているボランティアグループのモチベーションを維持するためにも、課題解決への糸口を見えるようにすることが大切だと思います。

（早川直美）

6　集い芽吹くもの――北野の谷戸の保全活動

北野の谷戸保全プロジェクトのスタート

「所沢市の最終処分場候補地から外れた谷戸がある。今後この場所をどのように保全していくかが課題になっている」

私の恩師であり当時トトロ財団の理事であった岡本俊英さんからその話を聞いたのは２００８年の春でした。血気盛んであった当時の私からすると、恩師からの依頼に加えて、地元所沢で自分の力が発揮できるということもあり、興奮した気持ちで北野の谷戸の保全活動に取り組み始めました。学生時代に休耕田を復田させ埋土種子[*1]による水田植物の復元をしていた経験もあり、まずは北野の谷戸の埋土種子の調査をすることから始めました。

２００８年の冬に実験水田を作ってみると、絶滅危惧植物であるオオアブノメ（**資料1**）が出現し、それ以外にもアゼナやミズハコベなどの水田植物も出てきました。水田に戻すことで貴重な水田植物が復元することがわかりましたので、復田により北野の谷戸を生物の保全の場とする「北野の谷戸保全プロジェクト」をスタートさせました。

２００９年12月、畦を復元する作業を始めました（**資料2**）。土は凍り、足先の感覚もなくなる過酷な条件の中で、それでも市民ボランティアや海城中学高等学校の生徒たちなど20名ほどが集まりました。月に１度の作業を行い、４月には水田が完成し、２０１０年５月には40年ぶりの稲作が始まりました（**資料3**）。

当初は、「復田は困難」「そう簡単に稲は育たない」という声もありましたが、地元の方やボランティアの熱心な取り組みもあり、収量は74kgになりました。その時に釜で炊いたお米の美味しさといったら、格別で忘れることができません。

＊1　生きたまま土壌中に埋もれている植物種子。結実後に土壌表面に散布され、耕耘などで土中に埋没した種子のうち、環境が不適当なときには発芽しないで埋土種子になることがある。

[資料1]　オオアブノメ

［資料２］　復田作業（上写真）
と復田前（左写真）。

［資料３］　40年ぶりの田植え

北野の谷戸の芽会の発足

２０１１年、トトロ財団が「公益財団法人トトロのふるさと基金」に移行した際に、北野の谷戸保全プロジェクトは基金内部の取り組みに位置付けられ、地域保全活動部会の事業となりました。それに伴い、北野の谷戸の芽会が発足しました（**資料4**）。この名前には、「埋土種子の発芽」「循環型社会構築への希望の芽」「その土地に根差して生きる人間の姿」という想いが込められています。活動の目的は、北野の谷戸で休耕している農地や雑木林に本来の機能を持たせ、北野の谷戸の農業文化を生かした循環型農法を行うことで、昔ながらの里地・里山の景観やそこに生息・生育する豊かな生物相を復元することです。

２０１８年には15回の作業を行い、延べ６６８人のボランティアが参加するまでに成長しました。所沢市内やその周辺に加え、都内や千葉県から来てくれる方もいます。海城中学高等学校などの都内の高校や、所沢西高校、所沢高校といった地元の高校生も参加してくれています。また親子連れも多数おり、北野の谷戸には幼児からお年寄りまで多世代の方々が参加しています。おじいちゃんが子どもたちに農作業を教えたり、大人が中高生の働きを労ったり、いたずらを叱ったり、貴重な世代交流の場にもなっています。

[資料4]　北野の谷戸の芽会には子どもたちもたくさん参加してくれる

[資料5]　稲架かけ

[資料6]　足踏み脱穀機

北野の谷戸の芽会が目指すもの

北野の谷戸の芽会は、収穫を楽しみ、自然に学び、持続的に活動することを目指しています。春はタケノコ、夏はジャガイモ、秋は新米、冬は里芋。季節ごとの収穫物を得たり、四季折々の生きものを観察したり。自然の恩恵（生態系サービス）を感じながら活動をしています。

稲作は、無農薬、無化学肥料、冬季湛水で行い、昔の道具や農法を利用しています。こうした活動が水田生物の保全の場を作っています。また、昔の道具や農法には昔ながらの知恵があり、それ自体が文化財であると考えています。苗を作る水苗代作りから始まり、クロ作り（畦作りの作業）、シビ押し（稲株を地中に埋め込む作業）、代かき[*2]、田植え、草取り、稲刈り、稲架《はざ》かけ（**資料5**）、足踏み脱穀機（**資料6**）や唐箕を用いた脱穀などを行っています。

稲作、畑作の肥料・資材は雑木林から得るようにしています。夏に常緑樹を刈り、冬に落ち葉掃きをして落ち葉堆肥を作り、畑や水田で肥料として利用しています。竹林は稲架かけなどの稲作の資材を提供してくれます。資材も肥料も外部の物には極力頼りません。谷戸にあるものでの完結を目指すことで谷戸のさまざまな環境が機能するようになるので、その維持に努めています。

＊2　水もれを防ぎ、苗の活着・発育をよくするなどのため田植え前の田に水を満たし鍬または馬鍬などを用いて土塊を砕き田面を平らにする作業。

［資料7］　ヤマアカガエル

北野の谷戸に生きものが戻ってきた！

ヤマアカガエル（**資料7**）やニホンアカガエルが北野の谷戸には生息しています。水田で産卵し、オタマジャクシが成長し、成体になると雑木林で生活します。良好な水辺と雑木林を必要とするため、それぞれの環境を知る指標生物にもなっています。２００９年には卵塊は確認できませんでしたが、復田をした後の２０１０年には2個が確認され、徐々にその数は増えていき、２０１９年には43の卵塊を確認することができました。

また、落ち葉堆肥の90㎝×３６０㎝の範囲からは７６２匹のカブトムシの幼虫が見つかりました。年々、クヌギの樹に群がるカブトムシの数が増えているように感じます。また、東京大学理学部生物学科千代田創真《ちよだそうま》氏の調査[*3]によって、16目１０７科２８２種の昆虫類の生息が確認されました。ヒメアカネ（**資料8**）やウラナミアカシジミといった絶滅危惧種も生息しており、生きものの貴重な生息・生育場所になっています。

これからの北野の谷戸

過去には「生産性のない田んぼは意味がない！」「雑木林は利用価値がなくなったから減っている。保全する意味はあるのか？」など厳しい意見がありました。ただ、

＊3　「自然環境調査報告書（第11集）」公益財団法人トトロのふるさと基金、２０１４年3月発行。

［資料8］　ヒメアカネ

昔ながらの里山の保全に取り組んでいると利用価値や生産性を超えた価値があると感じます。皆で集まって、自然を楽しみながら、昔ながらの里山の作業をする。それが、結果として子どもたちの成長につながったり、減少が著しい里山に依存する生物の保全にもつながったり、日々の仕事のやる気につながったりしている気がします。

世の中はどんどん変わっていく中で、北野の谷戸のように昔のまま残る自然や景観などがあってもよいと思っています。ここには古墳時代から人が住んでいたと言われています。自然との関わり方は時代によって変わってくるのかもしれませんが、自然と人が関わり合う場所として北野の谷戸の保全を続けていきたいと思います。

（関口伸一）

7 葛籠入《つづらいり》の森

三ヶ島二丁目墓地計画動き出す

それは一本の電話から始まりました。

「三ヶ島二丁目の森の中で墓地計画が進行している。なんとかならないだろうか」

２０１３年12月のことでした。そこはかつて「葛籠入」と呼ばれた地域にあり、古くからこんこんと水が湧き出る谷戸の周りの森です。埼玉県いきものふれあいの里スポット３「湿生植物の里」（**資料１**）にも指定され、早稲田大学の開発からかろうじて守られた、丘陵にわずかに残る貴重な湿地がその中心部にあります。

５年半に及ぶ葛籠入の森での墓地計画反対運動の始まりでした。

このような自然豊かな場所でまさか開発は進まないだろう、という思いもありましたが、すぐに情報収集を始めました。あちこち調べてみると、確かに墓地計画があるということがわかってきました。早速、２０１４年２月、墓地計画の不許可を望む要望書を所沢市長と埼玉県知事に提出しました。

当初、計画地は早稲田大学敷地から１００ｍ以内に位置していました。そのため、墓地計画事業者による事前協議申請は、市の墓地条例にもとづいて却下されました。市の条例では学校施設や住宅から１００ｍ以内の墓地建設は認められないとされていたからです。しかし、２０１４年４月、墓地計画事業者がトトロのふるさと基金に来訪し、「ここに墓地を造りたい。墓地は足りないのだからぜひ協力してほしい」と強弁しました。これはかなり手ごわい相手になりそうです。

事業者は５月に入って、墓地計画を大学敷地から１００ｍ以上離れた谷の上流部に移したうえで２回目の事前協議申請を行いました。新たな計画地（**資料２**）は１９９０年代に建設残土で埋め立てられた場所で、谷頭部（谷の最上流部）に位置

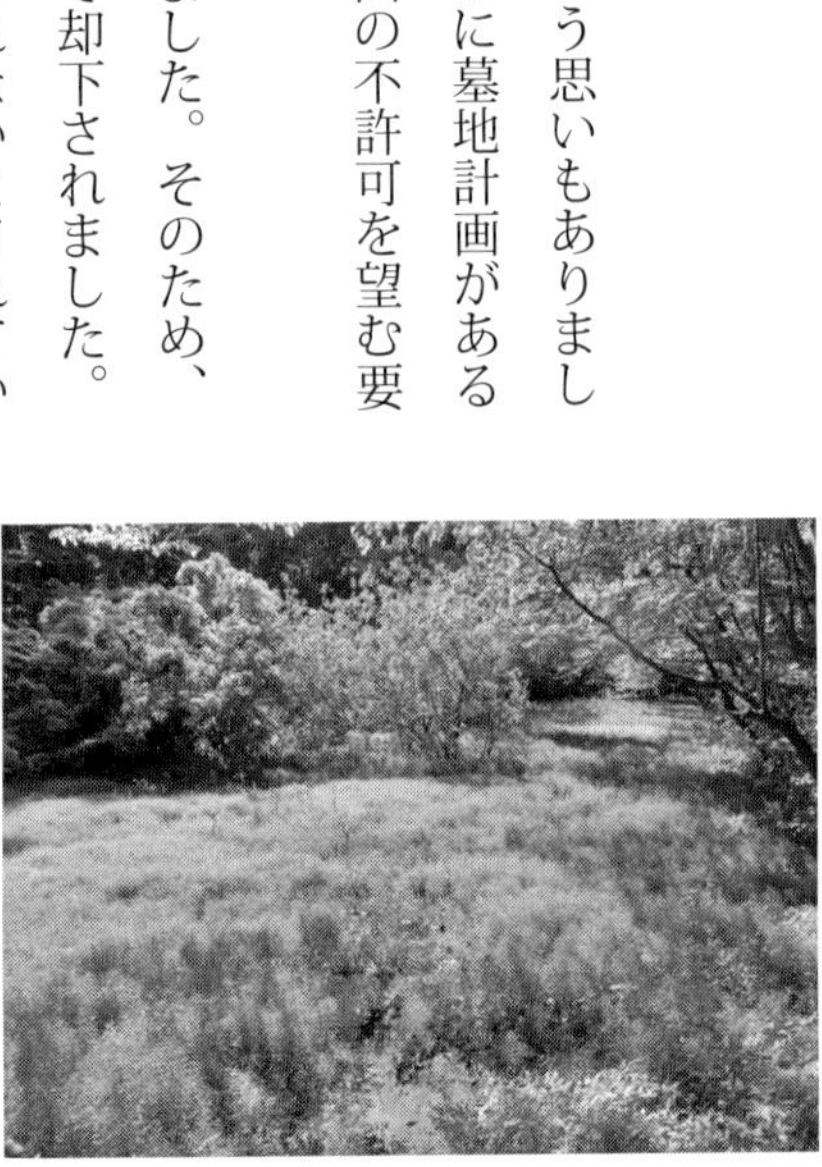

【資料１】いきものふれあいの里スポット３「湿生植物の里」

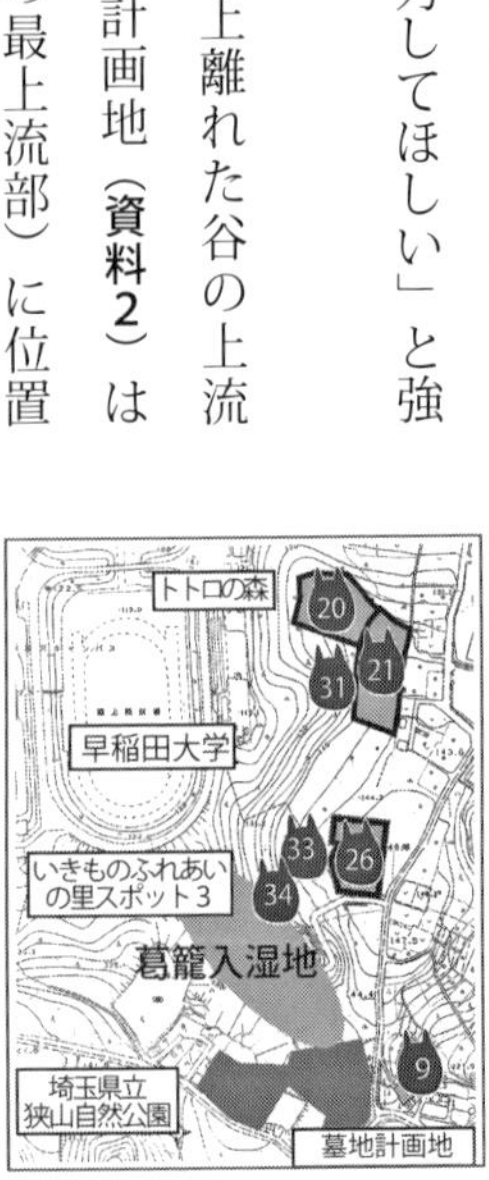

【資料２】墓地計画地位置図

し、貴重な湿地がその直下にあります。湿地には埼玉県の準絶滅危惧種であるヘイケボタル（**資料3**）をはじめ、貴重な動植物が生息しています。そこで私たちは、市や県に対し墓地計画を許可しないよう働きかけるとともに、２０１４年7月、狭山丘陵墓地開発反対協議会を起ち上げ、反対署名集めを開始しました。

この2回目の申請についても、墓地計画地から１００ｍ以内に2軒の「住宅」があることが判明して市は棄却しました。本来は住宅を建てることができない場所にもかかわらず建築されてしまった家屋があり、そこに住民票が届出されていたケースについて、市は墓地条例上の「住宅」と認めたのです。事業者から相当なプレッシャーをかけられた中での、市としての苦渋の決断だったのでしょう。私たちは市の英断に感謝するとともに、数億円単位の利益を目算している事業者は簡単には諦めないと考え、署名集めを続行しました。

しかし、住宅とされた2軒の家屋の居住者は、事業者からの働きかけからか「転居」することになり、２０１４年12月、事業者は3度目の事前協議申請を提出しました。市はこの申請を「条例上の瑕疵《かし》はない」として受理、ついに墓地計画事前協議が開始されることとなりました。

事前協議に際して思わぬ力を発揮したのが、トトロの森9号地でした。9号地は２００８年に10万円で取得したわずか１００㎡ほどの土地です。ここが墓地計画地から１００ｍ以内にあったことから、9号地を所有するトトロのふるさと基金は周辺地

［資料3］　ヘイケボタル

権者として墓地計画の説明会に参加したり、意見を述べたりすることができる条例上の「関係者」になりえたのです。

説明会に参加したところ、約7000㎡の土地に800基以上の墓を建設する計画であること、残土埋立地の急斜面上に設置されること、国有地を間に挟んで計画地が東西に分かれていて、片側から反対側の敷地へ渡るには急斜面上に回廊を建設する難工事が必要になることなどがわかりました。

多くの方からの支援

この頃から反対協議会では、法律や地質の専門家の助言を得ながら墓地計画の問題点を精査していきました。現地を見た地質の専門家の目代邦康氏は、計画地が盛土であることから地震による崩壊の危険性を指摘しました。さらに、斜面防災を専門とする京都大学教授の釜井俊孝氏は現地を詳細に調査し、ここが谷を埋めた盛土であり、近年各地で谷埋め盛土が地すべりを起こしていることを指摘しました。また、斜面安定評価を行い、震度5強以上の地震で崩壊する危険性が高いという評価結果を出しました（資料4）。この二人の専門家の意見書を市や計画事業者に提出し、2015年9月「専門家の意見を踏まえた慎重な審査を求める請願」を所沢市議会に提出、釜井氏が議会で直接問題点を教示する陳述を行い、請願は趣旨採択*1となりました。

この頃、問題を知った所沢市自治連合会が墓地計画の中止と公有地化を求める署名

［資料4］危険と評価された墓地計画地の斜面

＊1　請願の願意は理解できるが、当面実現することが困難である場合等に、便宜的に趣旨には賛成として議決する決定方法。

集めに着手。２０１５年10月には6万２０００筆を超える署名を市に提出しました。これを受けて市長は「墓地計画が中止になったら公有地化に取り組む」と表明。これで墓地計画は止まるかと皆が期待しました。

しかし、市は２０１５年11月１日付けで墓地計画について条例上の瑕疵はないとする事前協議の結果を示す審査意見書を交付したため、許可手続きは続行することになりました。

２０１６年5月、突然現地の伐採が始まりました。事業者は急斜面上に回り道を作ることなく、敷地に挟まれた国有地の樹木等を無断で伐採しブルドーザーで整地したうえで、そこを通って伐採した樹木を搬出していました。ちょうど視察に訪れた所沢市議4名がこれを目撃。この事実を議会で指摘し、大きな問題となりました。

私たちはこの無断伐採を「ふるさと所沢のみどりを守り育てる条例」違反であるとして告発。市も厳しく指導し、事業者は指導に従い伐採・整地してしまった国有地上に何本かの樹木を植えました。しかし結局、計画地の約７０００㎡すべてで伐採と抜根が行われ、現地はまさに荒れ地の状態で放置されることになります。

伐採から1か月後の２０１６年6月、直下の湿地では１００頭を超えるホタルが舞いました。この光景を目にし、貴重な湿地を守るためになんとかしたいと考えた私たちは、「葛籠入保全トラスト」の呼びかけを始めました。トトロのふるさと基金の活動の基軸であるナショナル・トラスト活動が、墓地計画に対しても力を発揮することを期待したのです。墓地計画地の買い取りを目的に、当面の目標額を1億円とし、ホタルの写真と共に広く市民に訴えました。この訴えは多くの市民に届き、2年間で615件、3700万円を超える寄付が集まりました。

一方、簡単に進むかと思われた開発の手続きは、盛土崩壊への対処工事に数億円単位の費用が必要だと釜井氏が指摘した通り、まったく進行する様子が見えなくなっていました。膠着《こうちゃく》状態でした。

2017年2月の反対協議会の集会では、ラムサール・ネットワーク日本[*2]の陣内隆之氏を招き、狭山丘陵の湿地群が「日本の重要湿地500」に指定されていることを中心に湿地保全の重要性について講演してもらいました。

また、2017年からは毎夏、湿地でのホタル観察会を実施し、守りたい貴重な湿地であることを市民に訴えました。

公有地化へ

2017年11月、事業者がついに計画を中止し、所沢市の公有地化に協力するという一報が飛び込んできました。計画を知ってから4年近く。待ちに待った朗報でした。

同年12月の市議会では墓地計画地の鑑定評価経費が補正予算として提案され、鑑定が実施されました。ここで出された鑑定価格をもとに、市は事業者と交渉を重ねてい

＊2　湿地保護の国際条約であるラムサール条約の考え方によって、湿地の保全と再生、賢明な利用を実現する活動をしている団体。

きました。事業者は、あくまでも市の公有地化に協力するのであり、トトロのふるさと基金への土地譲渡は行わないということでしたので、私たちは「葛籠入保全トラスト」に集まった寄付金の全額を、公有地化資金の一部となるように市へ寄付することにしました。

集めた寄付金で自ら土地を取得してきた私たちにとっては前例のない事態でしたので、公益認定機関である内閣府に出向き、[*3]トラスト活動で集めた寄付金の市への寄付は、緑地保全という目的が同じであり、今回だけの特別な措置であることを説明し、理解を得ました。理事会や評議員会でも決議を受け、寄付をしてくれたすべての方々には市への寄付の必要性を説明し、理解していただきました。

2019年3月、葛籠入保全トラストで集まった3779万7452円はすべて市へ寄付され、この寄付金は市の公有地化資金1億3500万円の一部に充当されました。市はその後ここを里山保全地域に指定し、将来にわたって良好な自然環境を形成する緑地として保全することを約束しました。今後はこの土地を「トトロの森・葛籠入湿地水源地」と呼ぶことや、土地の管理は市とトトロのふるさと基金が協働して行っていくことを約する覚書も交わしました（**資料5**）。

こうして、5年半に及んだ墓地計画反対運動は計画の中止と市による公有地化で決着を見ることとなりました。

2019年6月、「トトロの森・葛籠入湿地水源地」は、オオブタクサとニセアカ

＊3　内閣府の公益認定等委員会から公益認定を受けたトトロのふるさと基金は、内閣府が監督官庁となる。

［資料5］　トトロの森・葛籠入湿地水源地

シアが繁茂する荒れ地となっています。別稿で、直下にあるホタルの棲む湿地をトトロの森51号地として取得した報告（112ページ参照）がありますが、荒れ地に昔の雑木林の姿を取り戻し、湿地と一体となった自然回復を目指す長い取り組みがこれから始まります。

この運動では、たくさんの市民の皆さんや専門家の方々が協力・支援をしてくださいました。理想的な保全が実現できたのも、多くの声が行政や事業者に届いたからです。何よりもそうした輪の広がりが私たちの今後の活動の大きな力となることでしょう。

最後に、京都大学教授釜井俊孝氏からいただいたメッセージを紹介します。

（北浦恵美）

トトロの森・葛籠入湿地水源地の公有地化について　釜井俊孝

公有地化おめでとうございます。まずは、墓地反対協議会とトトロのふるさと基金、所沢市、市議会、自治連合会の皆さんのご努力とご成功を讃えたいと思います。

私は、斜面の安定度評価を依頼されただけなので、あまり貢献していないのですが、少し感想めいたことを述べたいと思います。

まず、最初に依頼された時には計算してみないとわからないなという感触でした。しかし、開発側の計算書をチェックして、重大な欠陥があることがわかりました。地下水をゼロとして計算していたからです。これは、自然を甘く見て災害を引き起こす典型的なパターンの一つで、危険な仮定です。実際、トトロ側でボーリングを実施し、観測を続けた結果、大雨の後には地下水位が急上昇することがわかりました。これは斜面の地下水でしばしば見られる、パイプ流特有の現象ですが、それを残土斜面で実証した点に、この長期観測の意義があります。

こうした地道な努力の結果、公有地になって湿地が保全されたのは良かったと思います。しかし、少し俯瞰して見ると、今度のことは二つの点で大きな意味、全国的な意義があろうかと思います。

一つは、環境保護運動の方法論に及ぼす影響です。実際には、この種の運動の大半は失敗するわけなので、今回のことは成功体験として貴重です。成功の理由は二つあったと思います。まず、トトロのふるさと基金を中核として組織がしっかりしていたこと。次に、市民が環境保護をわがことととして認識したことです。6万数千にも及ぶ署名がそのことを裏付けています。恐らく、そこで果たしたトトロのイメージは大きかったと思います。

つまり、住民が問題点をわがことにすることが、成功の鍵だったと言えるのですが、これは防災も同じです。どうやれば住民にリスクをわがことと認識してもらえるかが防災でも問われていて、今回の事例はわれわれ防災に携わる者としても参考になると思います。

さて、もう一つの全国的な意義は、残土で作ってしまった斜面の将来像を語る上で貴重な事例になるという点です。安定計算によると、今回の斜面は大雨や地震で多少は崩壊するかもしれません。その際、残土の内部から出てきた人工物が、自然の土や植物に覆われる風景が出現すると思います。しかし、それは人間による自然の破壊とその復活を表していると考えることはできないでしょうか。すなわち、失われた自然の再生の物語に他ならないと思います。その状況は、例えば、「もののけ姫」のラストシーンや「天空の城ラピュタ」で描かれたような自然景観であるわけで、将来に希望を持てる悪くない風景だと思うのです。

現在、残土斜面は全国に分布しています。斜面が崩壊して死者を出すなど、大きな問題になっています。もちろん、いい加減なやり方で捨てたほうに非があるのですが、問題の根本は都市と日本人の歪んだ関係性です。そしてそうである以上、違法なケースも含めて実際には残土の撤去は難しいでしょう。なので、解決は難しいのですが、残土斜面をそのまま生態系に組み込むというのも一つの道のように思います。その点で、今回、自然再生の可能性を示す場所を保全できたことは、残土斜面の将来像を示す意味で重要な事例になると思う次第です。

このように、今回のことはこうした重要な示唆と期待を生む運動であったと思います。あらためて、おめでとうございますと言いたいと思います。

8　はじまる

新たなガイドツアーのとりくみ

何も伝わらない場所

ガイドツアーをはじめて3年目の春。

「また来たよ」と笑顔で駆け寄ってくる子どもたちがいました。おかえり、と声をかけているのはかつては参加者であった人たち。人と想いがつながってきた、と感じたひとときでした。

2011年に一般公開を始めて以降、クロスケの家への来館者は増え続けていました。人々で賑わいを増す一方で、私たちの「トトロの森を守る」取り組みは伝わらないまま、接客・問合せ対応と施設維持費だけがふくらんでいました。クロスケの家はトトロに会える場所でしかなかったのです。

そもそも公開にふみ切ったのは、私たちの取り組みを伝えるため。トトロと写真を撮るために来る方にとってはまるで眼中にないナショナル・トラスト活動をどう伝えるかが大きな懸案となっていました。

解説ツアーを定時開催する案が浮上しました。ただ、ここは活動拠点施設にすぎません。森を見てもらってこそという想いもありました。来館者からも、トトロの森への行き方を問われることが圧倒的でした。

クロスケの家とトトロの森をガイドするツアー案が現実味を帯びてくることになりました。

では、誰と、どのように？

必要だとは思う。が、気はすすまない。それが担当職員としての正直なところでした。トトロ観光に来る方に森の保全を訴えたところで、興味を示してくれるとは思えない。それでもせめて、私たちがここで何をしているかをわかってもらわなくては。義務感だけで突き動かされていました。

２０１７年2月、これまで実施してきた散策会のガイドスタッフを中心に、精鋭10

名ほどに集まってもらいました。自然環境や生きものに精通し、ガイドの見識と経験も有するツワモノたちです。

まずはクロスケの家を取り巻く現状と課題を共有。叡智を結集し、観光目的の来館者に私たちの想いを伝えるとりくみの、はじめの一歩でした。

その後は打ち合わせを重ね、解説内容を整理し文章に直していきます。コースの検討と踏査を行い、説明図版も作成。そうして、近隣のご家族を招き、クロスケの家からトトロの森までをご案内するガイドツアーを試行しました。

クロスケの家を出て目指したのは、歩いて10分のトトロの森20号地。けれどこれがじつに遠かったのです。大きな車道での安全確保、乳幼児へのケア。解説の用語も展開も対象者に合わせる必要があります。何をどこで語るべきか、タイミングと内容の精査、コースの再検討、解説用図版の拡充。すべきことは山ほどありました。

そうして、翌々月の4月、いよいよガイドツアーが始動しました（**資料1**）。

開けてみれば子連れの家族が過半数です。始まって5分もすると、子どもたちは解説を聞くどころではなくなりました。大人だって興味・関心は人それぞれ。すべての方に満足してもらうのは困難でした。

試行錯誤を重ねて3年。

参加後、1割の方が基金の会員になってくださるまでになっていました。

【資料1】ガイドツアーのポスター

想いは伝播する

基金設立黎明期との隔世の感は、事業運営のあり方に集約されるのでしょう。事務局体制が整うにつれ情報が集約され、理事や部会で意思決定され、実作業をボランティアさんたちに担っていただく、という組織体制になりつつありました。イベントもしかり。「やるのでお手伝いください！」と呼びかけるかたちです。

ですが、ガイドツアーは違います。1シーズン終了後、講師陣による振り返りと課題の抽出が行われ、今後の実施内容や運営方法が検討されます。それぞれの気づきや想いが持ち寄られ、共有され、次に反映されていきます。次期の実施日はもちろん、テーマ・時間・コースを決めるのは担当講師。どこで何を語るかもお任せです。

乳児向けの自然あそび、昆虫博士との森たんけん、野鳥観察、どんぐりの図鑑づくり、トトロの森と歴史探訪……。各回のテーマが明確になってきました。内容に応じた対象年齢を設定し、乳幼児には別枠を設けました（**資料2**）。

そうして、試しに参加された方がリピーターとなり、回を経て会員やボランティアとして支え手の輪に加わってくださる。そんな循環が目に見えて現れはじめました。

人が人を魅了し、想いが伝播する。

これは講師の方たちの熱意と人柄、経験値と見識がなせる業《わざ》。何より、里山という環境や私たちのとりくみ、課題と展望。そうしたことを理解し、わがこととしてくださっているから形になっていることです。

私たちが1回のガイドツアーで相対できるのはせいぜいが20名程度。地道な、途方もなく小さな伝達です。ですが、必ず理解してもらえる。ファンになっていただける。それは何よりの強みでもあり、私たちの励みでもあります。

とはいえ、ガイドツアーは事前申し込み制。クロスケの家にやってくるすべての人に想いを伝えられるわけではありませんし、「自然に触れたい」と思う潜在層をすくいあげているだけかもしれません。そうでない多くの方たちに「トトロの森は、市民一人一人が力を出し合うことでしか守れない」ことを伝えるにはどうすればよいのでしょうか。

随時参加可能なガイドツアーや案内板・解説文の設置。文化財展示に相応の情報伝達も必要でしょう。やりたいこと、やらなくてはならないことは山ほどあります。

試みはまだ端緒についたばかりです。

(花澤美恵)

［資料2］ ガイドツアーの様子

9　受け継ぐ

これからの展望と課題

私たちの運動は、１９９０年4月にスタートしました。

当時、日本社会はバブル期の絶頂にありました。大都市では古い建物が次々に壊され高層ビルが林立するようになり、他方農山漁村では大規模なリゾート開発がすすめられていきました。本書で見てきたように、狭山丘陵のなかでも大小さまざまな開発プロジェクトが乱立していました。いくら「開発反対」を叫んでも社会の動きは変わらない。でも放っておいたら狭山丘陵の景観はことごとく失われてしまう。ではどうすればいいのか。こうした煩悶のなかから自然保護の最後の手段として乗り出したのが、ナショナル・トラスト活動でした。

今、日本社会は、バブル期の開発至上主義社会とは異なった社会になりつつあるようにも見えます。ＳＤＧｓ（持続可能な開発目標）[*1]の達成を政府が声高に叫び、オリンピックでさえもその枠組みのなかでの実施が求められるようになりました。狭山丘陵に目を向けても、埼玉県側・東京都側ともにいくつもの広域都市公園や保全地域が

＊1　２０１５年の国連サミットで採択された持続可能でよりよい世界を目指す国際目標。

指定され、環境保全のためのたくさんの活動が日常的に行われるようになっています。丘陵周辺の5市1町のほとんどでは、２０１０年以降人口減少局面に入ってきているとも報告されています。

では、こうした社会にあっては、ナショナル・トラスト活動はすでにその歴史的使命を終えたということになるのでしょうか。何も私たちのような民間団体が汗水たらして奔走しなくても、社会は絶えずその土台としての自然に配慮し、自動的に環境保全型の組織となるようになっているでしょうか。

私たちの答は「否」です。

市民の力によって土地を取得しその環境を「恒久的に保存する」（トトロのふるさと基金定款第3条）ナショナル・トラスト活動は、日本が本当の意味で成熟した市民社会になっていくために不可欠な要素であると私たちは考えています。それは、大規模都市計画道路構想などの狭山丘陵に対する開発圧力が依然として伏在している、ということだけによるのではありません。

地球温暖化をはじめ、地球規模での人間と環境との関わりは危機の時代に入っています。私たちが他の生きものたちと折り合いをつけ、安心して心豊かに暮らせる場所を自分たち自身の手で保有していることは、この地球上で私たちが生き延びる希望を育むための、何ものにも代えがたい手がかりになるのではないでしょうか。私たちトトロのふるさと基金のみならず、日本のナショナル・トラスト活動は生成期を終え、これから新たな発展期へと向かっていかなければならないのです。
では、新たな発展期に向かうにあたって、いま直面している課題はどのようなものでしょうか。以下、それを3点にわたってお伝えしたいと思います。

❶トラスト地をさらに拡大し、適切な管理を行う

私たちはこれまで54か所の森を取得してきましたが、それは狭山丘陵全体から見ればごくわずかな面積でしかありません。とりわけ平地林や農地が多い丘陵周辺地域は、これからも虫食い状に開発が進められる可能性があり、たとえ小さくても買い取ることができる場所を一つ一つ確実に取得していくことが何よりも重要です。そのためには森を買い続けることのできる潤沢な資金が不可欠ですし、地権者の方から安心して土地を売っていただけるような信頼感の獲得と情報ネットワークの維持・発展が大切です。

同時に、取得した土地に対して常に適切な管理を行っていくこともきわめて重要です。自然豊かな地域でのナショナル・トラスト活動とは異なり、私たちのトラスト地は周りを住宅や農地など、人々の生活と労働の場によって囲まれています。絶えず森の状態に目を光らせ、森と人とが共存するための管理を続けていかなければなりません。こうした管理活動にはこれまでにも多くのボランティアの皆さんが協力してくださっていますが、トラスト地が増加すればさらに多くの方々の力を借りる必要がでて

きます。所有する森の数が増えるに従って、こうした管理に関わる負担は大きなものとなりますが、森を管理するための資金をどう確保していくかについて、私たちはまだ十分な仕組みを持っていません。取得した森を「恒久的に保存」していくための仕組みと担い手の養成が、これからますます大きな課題となります。

❷ナショナル・トラスト活動を持続可能な地域づくりへとつなげる

ナショナル・トラスト活動は土地の取得・保全を通して、人と自然とが共存しうる地域づくりを促します。けれども、ナショナル・トラスト活動がそうした地域づくりのすべてを担うことはできません。例えば、狭山丘陵の景観を維持するためには、お茶づくりなどの農業が営々と続けられることが不可欠ですが、私たちは農地を所有することも直接農業を担うこともできません。また、近年狭山丘陵を訪れる国内外の観光客は急増していますが、その方々に狭山丘陵の魅力と保全することの価値を伝えるためには、もっと多くの方々の協力が不可欠です。どこまでをトトロのふるさと基金の事業と考え、どこから先を別組織や行政の役割と考えるかは悩ましいところですが、多くの方々と絶えず情報交換と議論を行い、ときにさまざまな試みを行うことによって、ナショナル・トラスト活動と地域づくりをいっそう深く結びつけていくことが必要です。おそらくその際には、私たち自身が取り組んできた菩提樹池保全キャンペーン（94ページ参照）や北野の谷戸での地域景観再生活動（178ページ参照）が重要な参照事例になることと思われます。

❸活動を担う組織を維持・発展させる

こうした課題を乗り越えていくためには、それを担う法人組織を維持し発展させていかねばなりません。NPO法の成立以降、非営利事業は各分野で広がってきていますが、寄付をするという文化は日本社会ではまだ十分根付いているとは言えません。私たちは、これまで以上に狭山丘陵の保全がなぜ必要かを社会に向けて発信し、市民の力で土地を守り地域づくりをすすめるこの活動への支援の輪をさらに広げていくことが必要です。また、ナショナル・トラスト活動の社会における位置をより強固にするためにも、ミッションを共有する国内外の団体との連帯が大切です。

トトロの森を守ることは、人と自然とが共生する地域を創り出すことにつながります。本書をお読みくださった皆さんが、私たちと一緒に行動してくださることを心から願っています。

（安藤聡彦）

第3部

「トトロのふるさと基金」30年への期待とエール

協力団体からのメッセージ

コラム 3

文化財の宝庫・狭山丘陵

山を切り崩し、谷を土砂で埋めて、現代の私たちはどんな条件の土地にでも住まいを造り、生活を始めることができます。しかし、自然と共生する生活を営んでいた時代の人々は、自分たちの暮らしに適った土地を探さなければなりませんでした。

資料1の図は、狭山丘陵とその周辺でこれまでに見つかっている縄文時代全期間（1万2000年～2000年前）の遺跡の分布状況を表しています。丘陵の縁辺部や、丘陵から少し離れた場所でも、丘陵を形成した河川に沿った段丘（河岸段丘）上に人々の暮らしが営まれていたことがわかります。これに旧石器時代後期から最終末期（2万～1万2000年前）と弥生時代から平安時代末期・鎌倉時代最初期（2000～800年前）の遺跡を加えると、その状況はさらに顕著になります。

現在の狭山丘陵の植生は二次林と呼ばれるもので、原始・古代のそれとは大きく異なることがわかっていますが、森がもたらす豊かな恵みは今と変わらぬものでした。食糧となる木の実や野草・根菜類、そして、イノシ

［資料1］　狭山丘陵とその周辺の縄文時代の遺跡分布図

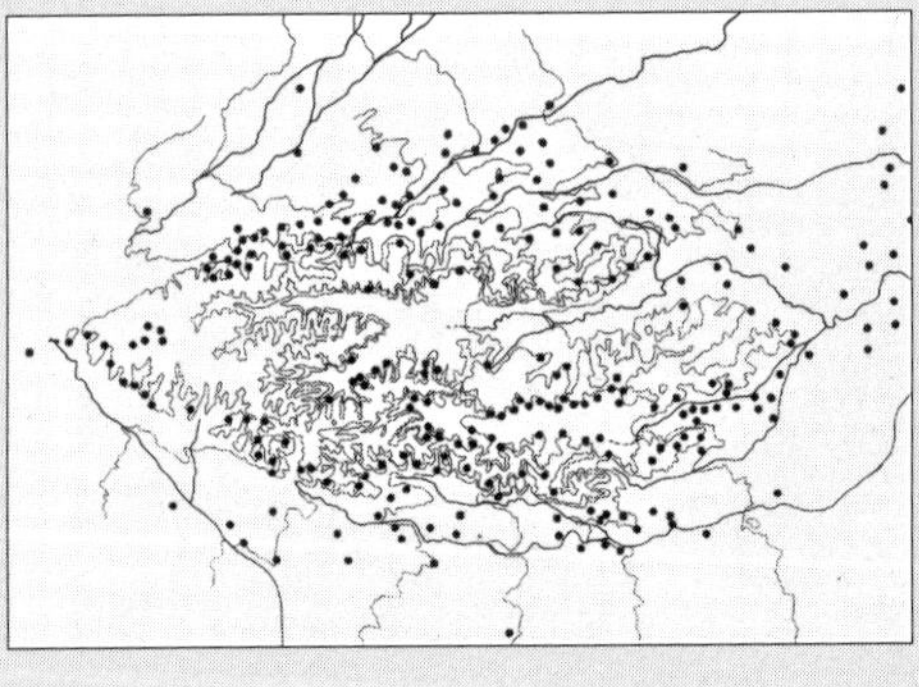

シヤシカ、野鳥などは、森の至るところで手に入れることができたでしょう。谷を下ればきれいな清水が湧き、魚を捕まえることもできました。起伏に富んだ地形は強風を避ける役目を果たし、大形動物などの外敵（時として人間？）から身を守るのにも適していました。

狭山丘陵で旧石器時代後期から始まった人々の暮らしは、縄文時代の中頃（５０００年前）になると急激な人口増加があったことが、その遺跡数の多さから推定されています。この頃、数軒から十数軒規模の集落が形成され、また、きわめて原始的な農耕がはじまったとする説が今日では一般的になっています。半定住生活の始まりです。

縄文時代に続く弥生時代の遺跡も丘陵の何か所かで見つかっていますがきわめて少なく、丘陵一帯にいわゆる「弥生文化」が根付くことはなかったと考えてよいでしょう。再び人々の暮らしが栄えたのは平安時代後期になってからのことでした。

日本国内では毎年６万件を超える発掘調査が行われています。しかし、その99・５％は、遺跡が開発で破壊されることを前提とした調査なのです。トトロのふるさと基金の雑木林を保存する活動は、遺跡の破壊を食い止め、各時代の文化財を次代に継承する役目も果たしているのです。

（後藤祥夫）

1 「砂川流域ネットワーク」から

トトロ財団の有志からの呼びかけに応えて、2000年春、砂川流域ネットワークは立ち上がりました。

砂川は、狭山丘陵を源流にして小手指ヶ原を細かく蛇行し、樹林に覆われて流れる川です。さまざまな生きものが生息する緑の回廊のはずなのですが、当時の砂川はゴミの不法投棄が多く、悪臭を放っていました。それでも県立所沢西高校の裏では、ホタルの生息が確認されていました。そこはまだ護岸[*1]されないままの自然の植生河岸だったからでしょう。

その頃、所沢市では博物館の構想が動き出していて、私たちは旧石器時代の遺跡が数多く発掘されている砂川流域を「リバーミュージアム」とする案を提出しました。その後、市からは何の反応もないまま、西高裏の砂川では護岸工事が始まりました。博物館構想の動きもいつの間にか消え去ってしまい、当地でのホタル保護や調査活動は諦めざるを得ませんでした。

上流の三ヶ島橋付近ではホタルを多数確認することができましたが、その数は年々減少し、ついにはこの地域での調査をやめることになりました。今から5年程前のことでした。ホタルが姿を消したのは護岸工事によるものとばかり思い込んでいました

＊1　水害を防ぐため川岸に堤防を築くなどの工事をすること。

が、近年になって餌となるサカマキガイの姿がまったく見当たらないことに気がつきました。

もしかして水質に変化が生じているのではないかと、過去の電気伝導度データをグラフにしてみたところ、4～5年前から明らかに悪化していました。下水道の完備や合併浄化槽*2が普及した時期の推移と相似しており、ある仮説を抱くに至りました。

「合併浄化槽に要因がありそうだ……」

下水道が完備されると川の流量が減少し、また道路や宅地の整備がすすめば急激に水量が増し、生物にとっては負荷が増大することになります。今年の冬は日照りが続き、砂川の流量は激減し渇水が長く続きました。せっかく棲みついていた魚も死んで浮いていました（**資料1**）。

毎年継続して実施してきた「全国水生生物調査」は中止することにしました。この調査の目的には子どもの自然体験が柱にありますが、魚の棲めない水の中に子どもたちを入らせるわけにはいかないからです。

所沢市が公表した「第3期環境基本計画」には《みどり・生物多様性の保全》が明記されています。狭山丘陵の豊かさには、周辺の川や樹林地帯を含めた生物多様性の向上が要であり、行政が先頭に立ってこそ市が唱える「マチごとエコタウン*3」が推進されると考えています。末筆になりましたが、この30年間、私たちをご指導いただきましたことに深謝し、今後ともよろしくお願い申し上げます。

（椎葉　迅）

＊2　水洗トイレからの汚水（し尿）や台所・風呂などからの排水（生活雑排水）を微生物の働きを利用してきれいな水にしてから放流する施設。

［資料1］　死んだ魚が川に浮かんでいた。

＊3　便利さや快適さを追求した生き方を見直し、今後の市としての在り方を示す、所沢市が策定した構想。

2 「チカタ集いの会」から

狭山丘陵の風景や動植物を、多くの方が撮り集めた写真集『狭山丘陵四季物語』が出版されたのは1991年のことでした。この本からは、同じ目標に向かって設立に関わったすべての方たちの丘陵保全への強い意志を感じます。またこの本は、私がカメラ片手に丘陵の四季折々の風景を撮るきっかけとなりました。

この年、ナショナル・トラスト活動によって、トトロの森1号地が誕生しています。

「ボランティア元年」と言われたのは、阪神・淡路大震災が発生した1995年です。私がトトロ財団のボランティア組織「何かし隊」に加わったのは2003年。この組織がどう運営されているかなどはほとんど知ることもなかったのですが、担当職員は何かし隊の立ち上げに孤軍奮闘し、ボランティアメンバーはモウソウチクの間伐、アズマネザサや下草刈りなどに追われていました。

2006年1月、トトロの森3号地に隣接する雑木林の売却情報がインターネットに流れました。しかし、丘陵保全に「休眠状態」であった当時のトトロ財団は、この雑木林を保全する意思も購入しない理由も示しませんでした。時間に余裕のない中、なんとか保全するために私たちはいくつかの案を検討しましたが、短時間で解決をはかるには困難な問題でした。その折、ある篤志家から「対策を相談しましょう」との連絡がありました。

私たちが「有志で資金を出しあって、取得額の4分の3までは工面するつもりです」と言うと、「皆さんのお金はしまっておいてください。この土地はどうしても保全すべきです。今回の対応は私たちがします」とのお話があり、複数の方にその後のことが託されました。

「5年後か10年後か、トトロ財団が本来の姿に戻った時には、この森はそーっと寄付したい」という篤志家の意向を受けて、寄付していただく日が来るまでは「私たちが管理を」——。「チカタの雑木林」の始まりです。

チカタとはこの森のある場所の字《あざ》名です。1873年（明治6年）、地元の有力者6名で作成された土地台帳の古文書（**資料1**）、翌年には和紙40枚を張り合わせた用紙に6色に塗り分けられた絵地図文書（**資料2**）が出てきました。いずれにもチカタの名と地番が表記されています。

古老から「精進場の湧水は枯れたことがない」「鎌倉街道の抜け道が丘陵の中を通っている」「北野から上山口への途中にチカタナ明神がある」と聞き、訪ねてみました。八幡神社の石碑（**資料3**）の故事来歴には血刀明神の名前が刻まれていました。

古文書と絵地図により140年前へ、八幡神社の石碑から平安中期の将門の乱まで遡

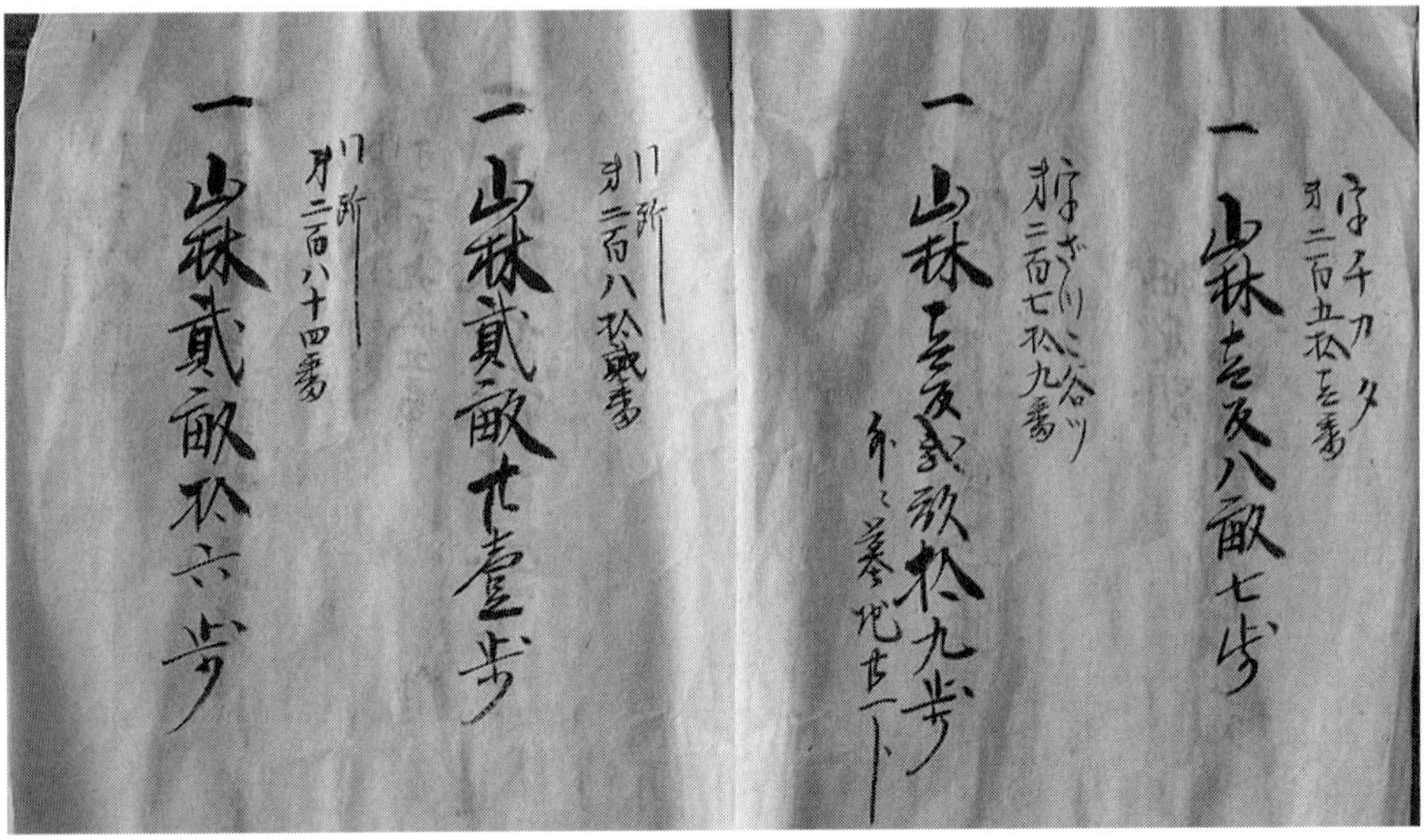

［資料１］　古文書

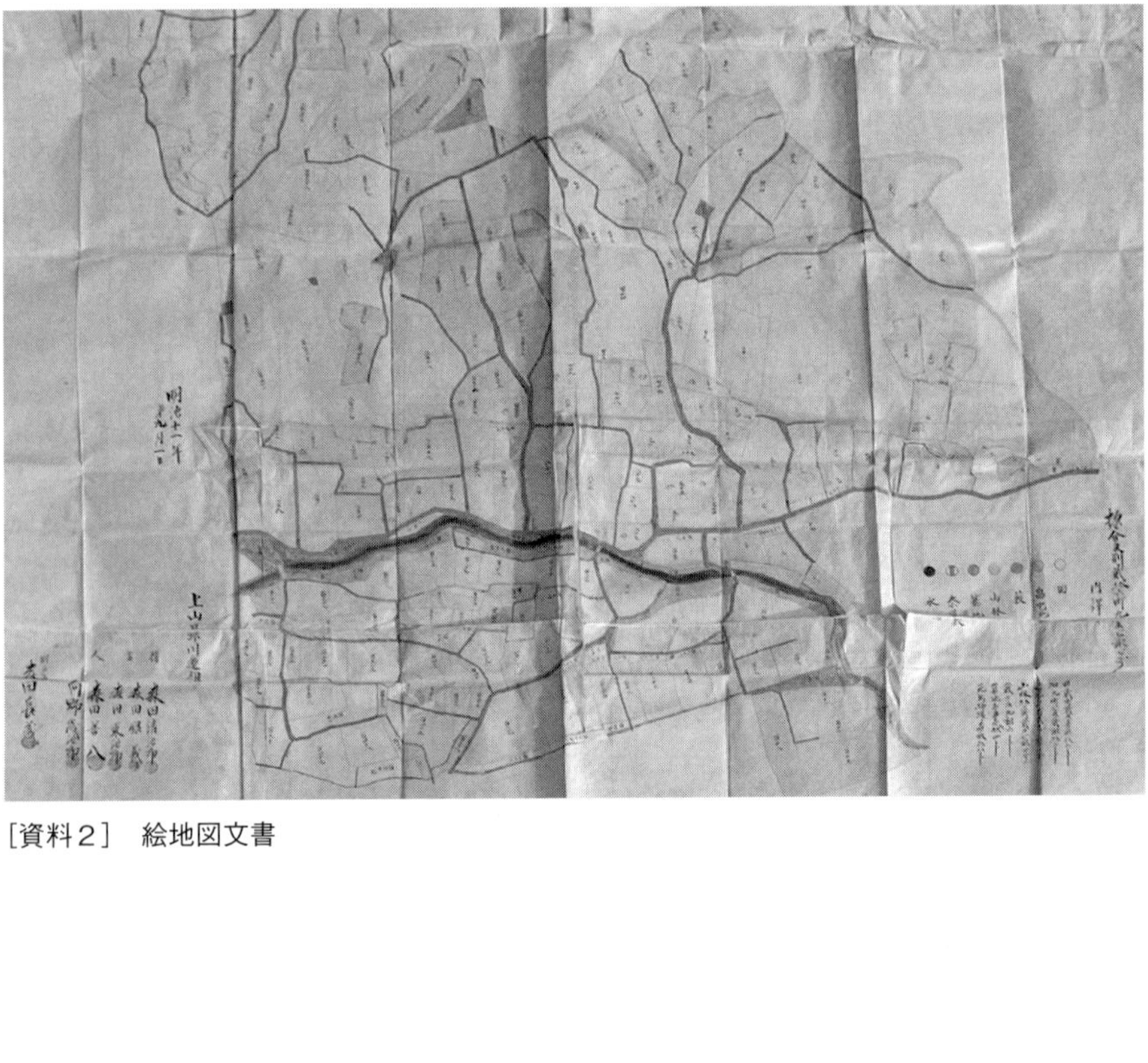

［資料２］　絵地図文書

り、字名の語源にたどり着きました。

チカタ集いの会の名称はこの血刀＝チカタナ（チカタ）から来ています。元の所有者とともに毎月第3日曜日に雑木林の管理とお茶会を重ねて13年経ちました。２０１１年、トトロ財団が公益財団法人になったのを見極めて、この森は「そーっと寄付」されてトトロの森15号地になりました。２０１８年春にはトトロの森15号地に隣接する南斜面林の所有者はトトロのふるさと基金へこの森を無償寄付し、トトロの森48号地が誕生しました。

これからの30年は、「トトロの森１００号地」取得を目指し、①丘陵保全の姿勢と活動の軸はぶれずに②組織運営の透明性と情報の公開に加え③協力者・地権者、ボランティア、トトロのふるさと基金の三者が目的と目標を共有することが大切です。ボランティアの皆さんに向けては、現地でトトロの森の特徴や雑木林の知識を深めることができるイベントなども考えてみては？

保全されたトトロの森、この雑木林の管理を次世代へバトン・タッチ！

（枠谷靖宏）

［資料3］ 八幡神社の鳥居（右）と石碑（左）

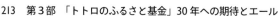

3 「東大和市狭山緑地雑木林の会」から

２０１８年11月10日。秋晴れの中、東大和市内のトトロの森40・47号地をめぐるウォーキングイベントが行われ、スタートとなる狭山緑地内のガイドを、われわれ雑木林の会のメンバーがお手伝いさせていただきました。

参加者の皆さんをご案内しながら、人の縁の不思議さをつくづく感じていました。

このイベントの主催者であるトトロのふるさと基金とのつながりは「東大和市」「狭山丘陵」という地縁でしたが、実はこれより17年前、ナショナル・トラスト活動についてお話を伺うために、当時のトトロのふるさと財団にお邪魔したことを思い出したのです。

その頃私は、トトロの森が点在する所沢市と多摩湖を挟んで向かい合う東大和市に引っ越してきたばかりでした。そして本業（編集者）では「5年の学習」（学習研究社、現学研ホールディングス）という雑誌で、環境学習についての記事を担当していました。全国をまわってさまざまな環境教育の試みを取材していましたが、身近にこんな好例があることを知り、お話を聞きに所沢の事務所をお訪ねした次第です。小学生向けの雑誌だったので、「トトロ」というブランドもうってつけでした。

取材は２００１年で、ちょうど4号地取得の直後ぐらいだったと記憶しています。

漫画を担当するつやまあきひこ氏と二人で、トラスト地を含む狭山丘陵を見てまわり、最終的に「5年の学習」2002年1月号に7ページの記事として掲載しました（**資料1**）。

当時の記憶は心もとなく、お話しいただいた内容も詳《つまび》らかには思い出せませんが、ナショナル・トラスト活動に関して何も知識を持たなかったわれわれに、とても丁寧にご対応くださったという印象が残っています。そして、「トトロ」を冠した組織名に対して持っていたやや軽薄なイメージが覆され、地に根を張っていくような活動であることに感動したことを覚えています。

その後、漫画を担当したつやまあきひこ氏は「環境漫画家」として地歩を固め、編集担当だった私は地元の東大和市で緑地保全の活動に携わるようになりました。

「土地」のつながり、そして「人」の関わりが緑を愛し守る行動に結びついていく……そんな思いをかみしめながら、秋の一日、ウォーキングを楽しみました。

あの取材から幾星霜、トトロの森は着々と広がりを見せ、設立から30年という節目を迎えられたとのこと。同じ狭山丘陵で

【資料1】「5年の学習」に掲載された漫画

同じ志を持つ者として、心よりお祝い申し上げるとともに、今後ますますのご発展を祈念します。

（山本尚幸）

4 「グリーン・フォレスト・ネットワーク所沢」から

２００８年４月、第15期所沢市民大学の「地域の自然講座」を修了した７名で「ところざわ倶楽部地域の自然」というグループを設立し、早稲田大学校地内の雑木林で保全活動を開始しました。

その後、２０１２年に埼玉県がさいたま緑の森博物館所沢市分を開館するにあたり、雑木林の保全活動をする団体を募集しました。「ところざわ倶楽部地域の自然」は、公共の雑木林の保全活動を行う目的で発足した団体でしたのですぐに応募しましたが、当時会員資格は市民大学卒業生という制約があったため新規会員を増やすことが難しく、早稲田大学の雑木林以外に新たに保全活動を始めるには人手が足りませんでした。

そこで誰でも会員になれる市民団体を新たに作ろうと、２０１２年12月１日「グリーン・フォレスト・ネットワーク所沢」を設立し、さいたま緑の森博物館所沢市分④の雑木林（０・６８ha）の保全活動を行うことにしました。その後、２０１７年４月

［資料１］　グリーン・フォレスト・ネットワーク所沢、会員数37名（２０１９年５月末）

に県と正式に5年間の保全再生活動の協定を交わし、現在に至っています（資料1）。

当団体の活動目的は、市民の力で常緑稚樹の伐採、下刈りや落葉掃きなどの作業や調査、散策会などを行い、雑木林の生物多様性を保全することです。毎月1回、活動しています。

毎回、調査（毎木[*1]（資料2）・植生[*2]・年輪[*3]・萌芽[*4]（資料3）・実生追跡[*5]）後に下刈りをし、冬には落葉掃きを行います。

こうした活動によって、キンラン、リンドウ、コウヤボウキ、ツリバナ、カラタチバナ、イチヤクソウ、ムラサキシキブ、サイハイラン、ホトトギス、タラヨウなどたくさんの植物が見られるようになりました。また、落葉掃きで集めて作った落葉堆肥の中にはたくさんのカブトムシ（資料4）の幼虫と、調査区内にはタヌキの溜め糞場[*6]も確認されました。

緑の森博物館以外での活動としては、狭山丘陵でオオブタクサなどの外来植物の除去や、県との協働で八幡湿地の池の浚渫《しゅんせつ》、トトロの森13号地と三富で落葉掃きも行っています（資料5）。また会員以外の多くの市民の方に気楽に参加していただけるホタルや野鳥、植物の観察会や散策会、シンポジウムや講演会も開催しています。

トトロ30年への応援・励ましのメッセージ

トトロのふるさと基金関係者の皆様、30周年おめでとうございます。

＊1　毎木調査は、調査区内に生えている木の種類を調べ、その木の位置と太さを記録する［資料2］。

＊2　植生調査は、調査区の中に1m×1mのプロットを5つ作り、その中の植物の種類と高さと被度を測定する。

＊3　年輪調査は、萌芽再生のために伐採した切り株の年輪を数える。

＊4　萌芽調査は、その切り株から出た萌芽の地際の太さと枝の高さを継続的に測定する［資料3］。

＊5　実生追跡調査は、種から出芽したコナラの苗を移植し、その生存を追跡測定する。

＊6　タヌキは同じ場所で繰り返しフンをする習性がある。この習性を「ためフン（溜め糞）」といい、その場所を「溜め糞場」という。

［資料２］　毎木調査

［資料３］　萌芽調査

私は所沢市内で生まれ育ちましたが、狭山丘陵の近くに住むことになり所沢にはこんなに自然が残っていたのかと驚きました。当時は不要とされた雑木林が何十年も放置されたままで残っていました。その狭山丘陵を開発の波が襲い、自然の存続が危うくなった時に貴団体が発足し、30年にわたるナショナル・トラスト活動で狭山丘陵を守ってこられました。

土地を購入するだけでなく、購入した森を保全し続けていくことはトラスト地が増えれば増えるほど大変です。私たちの団体では、これまで散策会でトトロの森を見せていただいたお礼を兼ね、13号地の落葉掃きや33号地での毎木調査のお手伝いをさせていただいてきました。また会員有志で14号地の落葉掃きにも参加しました。

狭山丘陵では、トトロのふるさと基金の皆さまがトラスト地の取得と保全の努力をしてこられた結果、全国のみならず海外からもたくさんの方が訪れるようになりました。これからは、遠くからいらっしゃる方も近隣住民の方も、気軽にトトロの森を保全していけるようになるといいですね。

最近、狭山丘陵は「トトロの森」という愛称で呼ばれることが多くなりました。もしかしたらあと30年も経つと、狭山丘陵は公式に「トトロの森丘陵」と呼ばれるようになっているかもしれません（笑）。

これからも皆さまのご活躍に期待しています。微力ながら当団体も狭山丘陵の保全活動のお手伝いをさせていただきます。

［資料4］ カブトムシ

［資料5］ トトロの森13号地での落ち葉掃き

一緒に狭山丘陵の自然を守っていきましょう。

（齊藤幸子）

5 「ゆめとこファーム」から

ゆめとこファームは２００７年9月1日、三ケ島一丁目の畑（通称第一ファーム）を農家から借用して発足しました。あっという間の12年間を振り返り、これからの展望を考えてみたいと思います。

揺籃《ようらん》期（2004～2007年）

トトロ財団が２００４年にはじめた「ふるさと農業体験」には多数の市民からの応募がありました。受講者は指導者の厳しくも細部にわたり行き届いた教えを受けて、農作業の基本を体で覚えていきました。３年間で修了というシステムでしたので、卒業した1期生が中心となり、休耕地を借りて立ち上げた農業団体が「ゆめとこファーム」です。

試行期（2007～2008年）

２００７年８月５日、総会を開いて、「落ち葉堆肥を使用して無農薬有機農業を実

［資料１］ ゆめとこ元年ソバ畑

［資料２］ 10号地落ち葉掃き

践する」というゆめとこファームの方針を確認しました。

9月、草一面の畑を開墾し、荒れ地に強いソバを蒔きました（資料1）。同時に豆トラや農具を購入、また関係者の協力でテント小屋や物置を据えつけ、作業環境を整えました。11月には新そばを関係者と堪能しました。師岡さんのヤマ（２００９年にトトロの森10号地に）と新井さんのヤマ（２０１４年にトトロの森24号地に）の落ち葉掃きをし、堆肥を作りました（資料2、3）。

３月頃からジャガイモ、サトイモ、カボチャ、サツマイモと作付け品種を増やしていきました。収穫物は自治会の夏祭りやトトロ財団の10周年記念イベントに出品し、多くの来場者に喜んでいただきました（資料4）。１年が経過し農作業の段取りもわかるようになり、自立の自信も湧いてきました。

充実期（２００９～２０１４年）

農業体験修了生やトトロの森で何かし隊（１７１ページ参照）からの参加者があり、２００９年には茶畑、２０１０年には6本のキウイフルーツの管理を請け負いました。サツマ床で苗を育てる昔からの農法や、自家製大豆を使っての味噌作りにもチャレンジしていました（資料5）。この年、ビニールハウスを建てたので、収穫物の乾燥と保管等の作業が随分楽になりました。11月にはトトロのふるさと基金で行われる収穫祭に参加するようになり、他団体との交流を楽しんでいます。

［資料3］　堆肥作り

［資料4］　サツマイモの収穫

２０１０年から活動日を月２回にしました。２０１４年には会員が16人へと倍増し、耕作地も増加し、第５ファームにまで広がりました。作業は大変ですが、手作り茶やキウイフルーツ収穫の喜びには代えられません。

転換期（２０１５年～現在）

ふるさと農業体験から10年経ち、70代の人が多くなり、退会者や亡くなる方もあり、自分たちのパワーにあわせて耕作地や栽培品を縮小しました。

農場の周囲は四季を通じて豊かな自然にあふれ、時にはオオタカの飛翔も遠望できるすばらしい環境に恵まれています。無農薬有機農業の継続は楽ではありませんが、12人の仲間と共に３か所の畑とキウイフルーツ園の管理をゆっくりと楽しんでいきたいと思います。

私自身について言えば、農場へと続く長く急な坂道を、自転車を押して上がれるうちは大丈夫と仲間から励まされています。

今後ともトトロのふるさと基金がトラスト地の取得や管理活動を通して地元の皆さんとの共存共栄を実現し、生活の場でもある狭山丘陵の自然が守られるよう期待してやみません。

（佐藤八郎）

［資料５］　雪中味噌作り

6 「菩提樹田んぼの会」から

菩提樹田んぼの会は、会費無料・誰でも・いつでも入会できる団体です。土・日曜中心の作業計画に沿って、約60世帯の会員が無理のない作業分担で稲作及び菩提樹池周辺緑地の環境保全活動を行っています。

菩提樹田んぼの会の年間作業の概略は次のようなものです。

1月は、一年の作業の安全を全員で祈念してから、堆肥に使う落ち葉掃きで仕事始めになります。堆肥は油粕、鶏糞、藁、ぬかに加えて前年作った堆肥を種として混ぜ、井戸水をかけます。

3月には畑にジャガイモを植え、4月に種籾の温湯消毒と年1回の総会を実施し、5月はじめの桐の花が咲く頃に苗床に種播きをし、6月の栗の花が咲く頃に田植えをしています。8月末の夏休み明け前の土曜日に、子どもも参加して鳥除けの案山子《かかし》を作ります。

9月末から稲刈りをし、脱穀・唐箕掛け・籾摺りと、10月は毎週のように作業が続きます。11月には地元の文化祭で活動内容を展示し、トトロ基金の収穫祭にも参加しています。そして、12月の餅つき大会で一年を締めくくります。

稲は、今では試験場にしかないと言われるムサシモチ（もち米）、アキニシキ（うるち米）と富山産のコシヒカリを栽培しています。収穫した米は、翌年の田植えや稲刈りなど重要なイベント用に必要な量を玄米で残し、何かとお世話になっている地元菩提樹・町谷両自治会の餅つき行事用にも提供しています。

今や簡単には入手できなくなった稲藁は、翌年の苗取り・稲刈り用と案山子作り用に保存するほかは、菩提樹池の里山保全に一緒に取り組んでいる仲間や地元の畑耕作者に活用してもらっています。また、近くの幼稚園の子どもたちに稲の苗を育ててもらったり、保育園児たちが作る正月飾りで稲藁を活用してもらうことも、菩提樹田んぼの大事な宣伝になっています。

菩提樹田んぼでは、水生動物に優しい、冬も水を張る冬期湛水[*1]を続けています。種籾は農薬を使わない温湯消毒処理をしています。皆で作った堆肥を肥料にして、子どもでも楽に植えられるように20㎝程度に大きく育てた苗を使って、30㎝間隔で田植えをします。この間隔であれば風通しが良く、稲が病気にかかりにくいのです。

稲刈りでは、背が高くて倒れやすいコシヒカリを先に刈り、稲架《はざ》にかけて天日干しをし、2週間後に地元の品種の稲刈りをします。稲が実ると案山子に鳥の番をしてもらい、田の周辺は季節の花を大事に残しながら草刈りをしています。

このように維持されている田んぼには、淡い緑色の初夏の景色から稲が成長した濃い緑色の夏景色、また黄色くたわわに実った秋景色を見るのがうれしいと、何度も訪れる方が多くなっています。

＊1　冬の間にも水を張っておく田んぼの管理方法。

トトロ財団が始めた「菩提樹池保全キャンペーン」によって、菩提樹池周辺の多くの湿地と雑木林が公有地になり、生物多様性に富んだ菩提樹池里山保全地域として残されました。官民一体で保全に取り組んだ功績は計り知れないと思います。

（佐藤雅生）

7 「北中ネイチャークラブ」から

北中ネイチャークラブは、1998年、相続で所沢市に寄付された畑に木を植えて、雑木林として保全、維持管理することを目的に発足した団体です。

1998年11月に、子どもたちが植樹した288本のコナラやヤマザクラの苗は大きくなり、北中の森として立派な里山となりました。春には、ヤマザクラ、オオシマザクラが咲き、その後ウワミズザクラへと続き、木々の緑が濃くなる頃遠目に淡くぼんやりとカスミザクラが咲く景観となっています。秋には、コナラの紅葉が進んだ頃林内に赤いイロハモミジが色づき、北中の森を演出してくれます。

萌芽更新は、植付けてから15年過ぎたコナラから順次作業を始めています。将来樹冠[*1]面積28〜30㎡を目指して、木と木の間が半径3m以上離れるように管理をしています。木の間隔を広くとることによって樹冠が横に大きくなり、木と木が競合して上へ

＊1　樹木が太陽光を受けるために、樹幹の上に形成する枝と葉の層。

伸びるのを抑えられ、樹冠の下をオオタカやフクロウが羽を広げて飛び回れるようになります。また、樹高が低く抑えられることにより、萌芽更新の更新頻度が抑えられます。成長段階で林床に届く光が多くなり植物の種類も多くなります。

北中ネイチャークラブでは地域の方々と年2回のイベントを実施しています。夏は星空観察会、冬は親子シイタケ駒打ち会を実施して、自治会との交流を図っています。

２００7年11月、北中四丁目の森に約1万㎡、１２００区画の墓地計画の概要が明らかになり、12月29日から1月5日にかけて墓地予定地の森が伐採されました。これに対して北中ネイチャークラブは、トトロ財団をはじめとする自然保護団体、北中自治会、市議、県議の協力を得て1万名を超える署名を集め、直接地権者や墓地計画事業者に働きかけて計画を中止に追い込みました。その後、墓地計画地の隣地をトトロの森12号地としてトトロ財団が購入し、保全の方向性を示してくれたことに感謝しています。

三ヶ島二丁目の墓地計画地も、トトロ財団の運動により公有地化が実現しました。これからも狭山丘陵の保全をけん引する組織として、また保全のイニシアティブをとる組織として、活躍を期待するとともに応援していきます。

（関口　浩）

8　「淵の森の会」から

淵の森の会は、公式には毎年1月に行う下草刈りに来た人が会員、という年1回だけの活動の集まりですが、実際には横を流れる柳瀬川の掃除を毎週してくださる方々が中心となって、林全体を見ながら保全活動を行っています。

淵の森は、もともとは農家が落ち葉を掃いて畑に入れたり、芋の苗床を作ったりするための雑木林でしたが、そういう作業がされなくなり、一部は砂利を入れて駐車場になっていました。１９９６年、この場所が住宅地になるという話が持ち上がり、この林を残してほしいという近隣の人々と地元自治会が自主的に寄付金を集めて、それを持って所沢市長に保全を申し入れたところ、所沢市、東村山市で受け入れられ[*1]、その年の暮れには保全が決まりました。

この駐車場の部分をどうするかということになり、砂利をはがして他所に持っていくのではなく盛り上げて山にするアイデアが採用されました。盛土した山には2回にわたってみんなで植樹をしました。

あちこちからもらった木もあり、センダン、カツラ、ギョイコウという桜など、まさしく雑木の林となり、今では大木に育ちました。また、山も緑の草で覆われました。

＊1　「淵の森緑地」は東京都東村山市と埼玉県所沢市にまたがって位置している。

その後、川の対岸を東村山市が公有地化したこともあり、柳瀬川流域でただ一か所、両岸が自然護岸というすばらしい林となりました。

柳瀬川と西武池袋線の間の細長い土地を持っていた地主の方々が、こうした淵の森の会の活動を見ておられ、土地をトトロのふるさと基金に寄付したいと申し出てくださり、東京都側で初めてのトトロの森17号地が誕生しました。しかし長年人手が入っていなかったため、竹とシュロの密生で前に進めないようなジャングル状態になっていました。それをトトロのふるさと基金の職員のお二人が数か月にわたり伐採と片付けの大変な作業をしてくださり、今見るような明るい林になりました。

この林には立ち入ることはできませんが、所沢—秋津間の電車の窓からトトロが立っているのを見ることができます。ここは電車好きのグループの人たちがトトロのふるさと基金に協力して管理してくださっています。

淵の森はまさに川に沿った森なので、丘陵地や平地にある林とは違った感じがします。植物の種類も多くて、瑞々しいとでもいいたいような……。

クヌギ、コナラは大木となっていますが、その他雑木林で普通に見られる木々もたくさん生えています。地上では春から秋まで次々に花が咲き、あれこれと自慢したいところですが、ここに名前を記すのは残念ながら控えさせていただきます。可愛い花たちに会いに来てくださると嬉しいです。

淵の森は西武線の秋津駅・ＪＲ新秋津駅から坂道を下って10分ほどのところにあり

ます。まわりは住宅と線路と川に囲まれていて、柳瀬川が増水したときには遊水池の役割も果たしていますので、数年前の大水のときは、いろいろと流れてきたものや砂で埋まってしまい、翌年に春の花たちが出てくるのか心配しましたが、花たちは元気に姿を見せてくれました。

この森は、ここを大切に思ってくれている人々、木の切り株でひと休みする人、ドングリを拾いに来る子どもたち、急いで駅へ歩きながらもチラリと木を見る人と、いろいろな人たちと支えたり、支えられたりしていると思います。

（宮崎朱美）

9 「所沢市自然の家をつくる会」から

1986年7月19日に所沢市営国民宿舎「湖畔荘」において「湖畔荘の跡地利用を考える集い」が開かれ、それから早くも33年が経ちました。集いには地域の住民を含め、自治会、育成会、消費者団体の代表者など80名ほどが参加し、さまざまな意見や利用案が出されました。最終的に「狭山丘陵の自然を生かし、市民だれもが参加できる施設づくりをすすめる。狭山丘陵全体の保全をすすめる上での核としての施設づくりとする」という基本案がまとまりました。

その後、集いを企画・開催したメンバーたちが毎週のように集まり、具体的な構想の検討が始まりました。「宿泊施設は必要だろうか。施設をつくることによって逆に自然環境が破壊されてしまわないだろうか」「建物より自然観察路とか周辺の整備のほうが大事では」「ぶどう園などを生かして地域の活性化をはかることも必要では」などいろいろな意見が出されました。

そして「施設の屋上から湖の水鳥を見たり、プラネタリウムで星を学び、望遠鏡で星を眺めることができる」「自然観察のための指導員が常駐していて、定期的に観察会や野遊びの会を催したりする」などのさまざまな夢が盛り込まれた「所沢市自然の家構想」ができあがりました。

検討に関わったメンバーたちは「所沢市自然の家をつくる会」を立ち上げ、早々に市長陳情のための署名運動を開始しました。市民の反響は大きく、わずか1か月で1万5000筆の署名が集まりました。翌年1月に市長に陳情したところ、それまで市の宿泊研修施設をつくるという姿勢を崩さなかった市長が「所沢市自然の家」の必要性に同意し、施設の設置を検討すると約束しました。

その後紆余曲折がありましたが、1994年7月、自然の家構想は「狭山丘陵いきものふれあいの里」整備事業として実現することになりました。しかし、そのセンター施設は湖畔荘跡地ではなく荒幡市民の森に設置することになったため、湖畔荘跡地利用案は振り出しに戻ってしまいました。

1997年には市から「主に雑木林管理や自然観察のための施設と防災備蓄倉庫を

併合した複合施設」を、自然の家をつくる会と意見交換しながら検討したいという案が提示されました。ところがその案も実現されることなく、２００４年には観光駐車場にする案が提示されました。自然の家をつくる会はこれに反対の請願書を提出し採択されました。その後、自然の家をつくる会は解散し、湖畔荘跡地の利用を検討する取り組みはトトロ基金に引き継がれたのです。

２０１６年に市はプロポーザル方式[*1]で湖畔荘跡地を公売する方針を打ち出しましたが、結局、公売は実現することなく、湖畔荘跡地（約５０００㎡）は現在も更地の状態になっています。

トトロ基金は、湖畔荘跡地周囲の森の一部をトトロの森22、29、38、50号地として取得しました。そして、雑木林整備のための機能と自然観察・自然散策など市民の環境教育に寄与する機能を併せ持った施設を湖畔荘跡地に設置するよう市に要望しています。今後も私たちの想いを引き継ぎ、実現に向けた取り組みを続けていただきたいと思います。

（対馬良一）

＊1　業務の委託先を選定する際に企画の提案を募り、優れた提案を行った者を委託先として選定する方式。

あとがきにかえて

トトロのふるさと基金発足30周年にあたり、これまでの活動の記録をまとめようということになりました。30年間、途切れることなく活動を続けてきた団体の記録をまとめるのは大変な作業です。活動に関わった人は数多く、それぞれの人にそれぞれの30年がありました。しかし、多くの人に手に取ってもらえる本にと思うと、書き込める量は限られます。

それでも、発足当時のことを知る人たちが年を重ね、当時を知らない人が多くなってきている中、この運動を若い世代に引き継ぐためにも、これまでの歴史をまとめることは重要であるし必要だと考え、それぞれの時代のキーパーソンたちに執筆をお願いし、30年の記録を編集しました。

記録は、狭山丘陵に息づく生きものたちの生き生きとした描写から始まります。

その生きものたちを守りたいと集った人々によって、この運動が始まったからです。

手探りで始めたナショナル・トラスト活動。発足時の記念集会。急きょ広い教室に代えるほどの勢いで集まった人々を前に、発足の「宣言」が読み上げられます。その一言ひとことは、30年を経た今もまったく力を失うことなく、読む者の心を打ちます。当時そこに集った人たちは、万感の想いでこの「宣言」を聞いたことでしょう。

発足当時の寄付金受付の手書きのノート。その手書きの一文字ひとつもじに、寄付をした人々、それを受け取った人の想いが込められています。記憶は物に宿り、そのノートの描写を通して、当時の熱が臨場感を持って伝わってきます。

そのスタートダッシュの後も、時代の波にあらがいながらもさまざまな課題に直面し、悩みながらも発足時の思いを失うことなく活動が続けられてきたことを、この記録から読み取ることができます。

多くの人が集い、寄付やボランティアなどそれぞれの人ができることをすることによって、大きな力が生まれました。一人ではなし得なかったことばかりです。それぞれの時代のキーパーソンの背後にいる、たくさんの人たちの想いが伝わってきます。

この本を、そのような一人ひとりの皆さんに届けたいと思います。そして、これから全国でこうした運動を始めたい、と思う人たちに勇気を届けることができればうれしく思います。

30年は、振り返れば長いようで、あっという間でもありました。これから歩み続ける道にもさまざまな課題が待ち受けていることでしょう。発足時の情熱を失わずに、狭山丘陵という豊かな自然環境とそこに棲む生きものたちとともに、歩み続けていきたいと思っています。

（北浦恵美）

「トトロのふるさと基金」と事務局の日々の仕事

2020年7月現在、取得したトラスト地「トトロの森」は54か所、約11haとなりました。6月時点で、総額9億4900万円余りの寄付が「トトロの森基金」に寄せられています。

所沢市三ケ島にある「クロスケの家」に事務局を置き、所沢市荒幡の「埼玉県狭山丘陵いきものふれあいの里センター」（埼玉県から指定管理者として業務を受託）と合わせて20名のスタッフが働いています。

事務局の日々の仕事を紹介します。

◆土地の取得　情報収集、土地所有者との交渉、専門家からの意見聴取、理事会での承認の決議など土地取得のための手続きを進めていきます。取得後は、資産管理、調査、森の手入れ、近隣住民への対応が待ったなしで始まります。

◆寄付者への対応　日々、寄付や入会の申込み・問い合わせを受け付け、寄付金を収受し、すみやかに領収書を発行・発送します。

◆森の管理活動　森の管理にはたくさんの資金と労力が必要です。毎月1～2回の森の管理作業を、ボランティアと一緒に安全に実施するように努めています。ボランティア登録説明会や森の管理技術講習などのほか、各地のトトロの森を管理してくれる協力団体との連絡調整や道具の管理も行っています。定期的なトラスト地の見回りや近隣からの苦情対応も大事です。また、台風通過時には状況確認が急務です。

チェーンソーや刈払い機などを使った作業は、基金の専門スタッフによって行われていますが、専門業者でなければ対応できない危険木の伐採などは、適宜業者に委託しています。

「北野の谷戸」でのお米作り・畑作には、中高生を含めたくさんのボランティアが参加しています。その安全確保、準備や後片付け、日々の田んぼの管理、地域の方々との連絡調整も行っています。

◆環境教育活動　クロスケの家で昔ながらの里山の文化を伝える行事を再現する活動や、バリアフリーの勉強会・観察会などの取り組みの企画や準備をすすめています。

◆森の調査　取得したトトロの森の植物などの調査をして、結果を調査報告書にまとめ管理方針を提案する実務を担っています。

◆いきものふれあいの里センターの管理　センター来館者への対応、学校教育への協力、イベント企画運営、スポット管理などの業務に専門知識を持ったスタッフが活躍しています。

◆情報収集や関係団体との協働　関係団体の事業に協力し、協議会等に参加するとともに、開発に対抗するための日々の情報収集は欠かせません。自然に影響を与える開発計画に対しての行動を行っています。

◆会報の発行　支援者の皆さんに活動を報告する会報を定期発行しています。

◆ガイドツアーの開催などの広報活動　一般の方々に基金の活動を知ってもらうために、クロスケの家でのガイドツアーやトトロの森の散策会の企画・運営、講演会の開催や丘陵案内、取材への対応、ホームページの管理運営を行っています。

トトロの森が周知されるにしたがい、日々、さまざまな問い合わせが入ってきます。トトロの森ってどこにあるの？　何があるの？　といった問い合わせに、森の保全活動の趣旨を丁寧に説明して伝えています。

◆クロスケの家の公開　毎週火・水・土の10～15時、基金の活動を知ってもらうために一般公開しています。最近では海外からの来訪者が増えました。

◆トトロファンドグッズの企画・販売　活動費捻出のために、トトロファンドグッズの企画・販売など収益を得るための事業を実施しています。キャラクターイラストの使用にあたってはスタジオジブリさんとの入念な打ち合わせのうえ、新製品開発や販売管理などをしています。

◆公益法人の事務　理事会・評議員会を開催し、内閣府へ各種報告をします。すべての業務のお金の出入りを管理し、決算・予算等の報告をまとめる作業を担う経理の仕事と、スタッフが仕事をするために欠かせない総務の仕事があります。

紙幅の関係もありすべては紹介しきれませんが、さまざまな業務を事務局スタッフが担っています。自信を持って言えるのは、狭山丘陵の自然を大切に思う気持ちを皆が受け継いでいること、たくさんの支援者からの貴重な寄付を間違いのないように大切に扱うことを、常に思いながら取り組んでいることです。日々の業務を担う事務局スタッフが、「トトロのふるさと基金」を次代に確実に引き継いでいくことで、新しい発想・発展やその時代に即した活動の姿が見えてくることでしょう。そうしたときにも、受け継いできたものを忘れることなく、頭の片隅に置きながら取り組んでいくことが大切だと考えています。

狭山丘陵のトトロの森は、里山の森として人間と生きものが共に関わりながら絶妙なバランスで保たれてきた森です。良い加減に人の手が入ることが、里山の森に棲む生きものたちの生活を確保してきました。トトロの森がいつまでも、生きものの豊かな森であるように、日々事務局スタッフは奮闘しています。

（北浦恵美）

1986.11.9	雑木林博物館構想〜狭山丘陵を市民の森に〜冊子刊行
1987.4	早稲田大学所沢キャンパス開校
1988	丘陵内に資材置き場が乱立、早稲田大学周辺地に大規模残土処分場が次々に造られる、都水道局による配水池建設計画浮上
1988.4	映画「となりのトトロ」公開
1989.4.16	雑木林シンポジウム
1989.7	「となりのトトロ」テレビ放映
1989.12.4	スタジオジブリ訪問
1989.12.23	ナショナル・トラスト活動準備会合
1990.1.6	第１回委員会開催（運動の名称、組織、目標、役員、活動日程） ▼「トトロ通信」1号
1990.1.23	スタジオジブリを再訪。宮崎駿監督、鈴木敏夫さんと面会
1990.3.3	規約決定、寄付額の単位、パンフレット、呼びかけ人の検討
1990.3.24	呼びかけ人決定（宮崎駿、高橋玄洋、各幹事団体代表者の計５人）
1990.4.12	発足の記者発表 ▼埼玉県庁、環境庁
1990.4.20	『狭山丘陵見て歩き』刊行
1990.4.22	発足記念集会 ▼参加者 230 人
1990.5.13	第１回見て歩き・八国山 ▼参加者 300 人
1990.5.27	第１回トトロのふるさとおおそうじ・三ヶ島堀之内 ▼参加者 21 名
1990.6.6	緑の森博物館（仮称）基本構想　埼玉県知事決裁
1990.7.28	３か月間の寄付状況発表 ▼寄付者は 5000 人、寄付金は 5000 万円を超える
1990.7.28	事務経費は寄付金の利子で賄う。交通費は原則個人負担
1990.10.7	柿田川ナショナルトラスト視察
1990.11	雑魚入樹林地で大規模な墓地開発計画発覚
1991.1.1	「トトロのふるさとだより」第１号発行
1991.2	雑魚入での土地取得に関して所沢市長と面談
1991.5.3	１周年記念イベント・トトロのふるさとウォーキング ▼参加者 1066 人、瑞穂町六道山公園がゴール
1991.5.11	宮崎駿さんから新しい４枚の絵が提供される。 ▼絵はがき、Tシャツなどのグッズ制作販売が可能に

◎「トトロのふるさと基金」活動年表（2013年12月まで）

年月日	事項　▼印＝説明と補足
1927	村山貯水池（多摩湖）竣工
1934	山口貯水池（狭山湖）竣工
1947	西武園遊園地完成
1951	ユネスコ村開設、県立狭山自然公園（1800ha）、都立狭山自然公園（775ha）指定
1963	西武園ゴルフ場開設
1967	西武多摩湖畔団地（15.7ha）竣工（東大和市）、狭山近郊緑地保全地区（1607ha）指定
1968	西武園住宅竣工（東村山市）
1969	西武住宅（8.2ha）竣工（東村山市）、三井団地（13ha）竣工（所沢市）
1972	東大和公園（18.2ha）指定（東大和市）
1977	西武松ヶ丘住宅（57.6ha）着工
1978	椿峰区画整理事業着工
1979	西武ライオンズ球場開業
1979.3	早稲田大学、所沢市長に非公式に用地のあっせんを打診
1980.2	早稲田大学三ヶ島進出対策委員会発足
1980.4.20	狭山丘陵の自然と文化財を考える連絡会議発足
1980.7.1	狭山丘陵を市民の森にする会発足
1980.8	早稲田大学計画案の再検討（第1次案から第3次案へ）
1981.3	知事が早稲田大学進出を認める発言
1981.5	早稲田大学、所沢三ヶ島地区自然環境中間報告書をまとめる
1982.12	早稲田大学と連絡会議との公開討論会開催
1983.6	早稲田大学、環境影響評価最終報告書を提出
1983.11	『狭山丘陵は生きている』刊行 ▼早大の最終報告書批判
1984.6.8	連絡会議、早稲田大学計画受け入れ表明
1984.10.1	狭山丘陵を市民の森にする集い開催 ▼雑木林博物館構想のアウトラインを提示
1984.11	早稲田大学工事着工
1986.7.19	湖畔荘の跡地利用を考える集い

1995.6.25	緑の森博物館水鳥の池のかいぼり
1995.6.29	法人化について環境庁と打ち合わせ ▼グッズ収益が多すぎる。会費収入や寄付金収入を計上せよ
1995.7.1	緑の森博物館オープン
1995.8.28	入間市長、武蔵村山市長、瑞穂町長宛て要望書 ▼狭山丘陵縦貫道路構想反対の要望書
1995.10.14	核都市広域幹線道路を考える集会
1995.10.21	久米鳩峰で大聖寺による墓地開発計画
1996.2.17	法人化について環境庁と打ち合わせ ▼収入源が確実でない。県や市からの委託金が少ない。グッズの売り上げが減少。年間 4000 万円の財政規模が必要とされ、法人化は困難に
1996.4.10	トトロの森 2 号地取得
1996.5.1	会員制度のスタート
1996.10.1	会報「トトロの森から」創刊
1997.2.1	トトロのふるさと基金組織変更→基金委員会、調査委員会、保護委員会に分離 ▼団体名を「トトロのふるさと基金」とする
1997.4.7	第 1 回トトロのふるさと基金代表者会議
1997.12.15	財団法人化に関する環境庁との相談
1998.2.28	財団設立に関する合意書 ▼生態系保護協会、市民の森にする会、連絡会議の 3 者
1998.4.20	財団法人トトロのふるさと財団設立許可 ▼生態系保護協会から独立したことで、寄付金の税控除が受けられなくなった。特定公益増進法人への移行が望まれる
1998.5.26	トトロの森 3 号地取得
1998.12.6	武蔵野・里山保全シンポジウム ▼ 250 人参加
1999.8.4	菩提樹池保全キャンペーン発表
1999.10.30	『トトロブックレット 1』刊行 ▼「武蔵野をどう保全するか」
1999.11.21	里山セミナー '99 開催 ▼都市近郊の里山の保全
1999.12.19	菩提樹田んぼ復田作業を始める
2000.7.16	10 周年記念行事
2001.3.30	『トトロブックレット 2』刊行 ▼「都市近郊の里山の保全」

1991.5.11	1990年2月19日〜1991年4月22日会計報告 ▼寄付・カンパ170万円、基金利息190万円。印刷費180万円、送料150万円
1991.7.7	トトロのふるさと音楽祭（狭山市） 14日武蔵村山市
1991.8.8	トトロの森1号地取得
1991.9.1	「トトロのふるさとだより」第2号 ▼1号地の取得実現報告、トトログッズ発売
1991.10.9	『狭山丘陵四季物語』刊行
1991.11.16	残土捨て行為に再び中止命令（埼玉県）
1991.12.28	トトロ基金1億円突破
1992.1.31	『あっ、トトロの森だ！』出版 ▼徳間書店
1992.4.10	『狭山丘陵からの告発2』刊行 ▼東福寺別院建築と墓地造成問題に関する批判書
1992.4.26	2周年記念ウォーキング ▼参加者1087人、参加費やグッズ売上で100万円の収益
1992.7.1	所沢市長会見 ▼1号地周辺地の保全表明
1992.8.18	「トトロのふるさとだより」第4号の発送作業 ▼8400通
1992.12.19	組織検討小委員会報告 ▼財団法人化のメリットと問題点を整理
1993.3.18	円満院問題で新聞報道
1993.4	『狭山丘陵全図・トトロのふるさと歩く道』刊行 ▼TAMAらいふ21協会からの委託
1993.9.11	事務所の引っ越し ▼小手指駅北口のマンションの1室から南口の建物へ
1994.1.13	和幸の森誕生
1994.2.19	宮崎駿さん、鈴木敏夫さんと法人化で打ち合わせ ▼法人の名前にトトロを使うこと、顧問就任、グッズの継続を了解される。新しい絵を描いていただけることに
1994.5.8	4周年記念イベント（丘陵横断自然観察） ▼218名の参加
1994.7	生きものふれあいの里センターオープン
1994.11	『トトロの森のゴミ白書』刊行
1994.12.21	入間市議会ゴミ請願採択
1995.3.8	狭山丘陵縦貫道路構想判明

2011.2.19	クロスケの家の完成お披露目会 ▼98名参加
2011.3.3	クロスケの家に事務局移転
2011.3.11	▼東日本大震災
2011.4.1	公益財団法人トトロのふるさと基金スタート
2011.10.30	トトロの森15号地取得 ▼初めての無償寄付による取得
2012.3.19	トトロの森16号地取得
2012.5.28、6.8	トトロの森17号地取得 ▼初めての東京都での取得、無償寄付
2012.8	緑の森博物館保全活用協定締結
2012.10.22	トトロの森18号地取得
2013.3.18	トトロの森19号地取得
2013.3	クロスケの家が国の登録有形文化財に登録される
2013.6.10	トトロの森20号地取得
2013.10.17	トトロの森21号地取得
2013.12	三ヶ島二丁目墓地計画が動き出す

2001.5.6	何かし隊活動開始 ▼２号地から
2001.5.23	トトロの森４号地取得
2001.9.25	『生きた教材・狭山丘陵　学習の手引き』刊行
2001.10.5	特定公益増進法人申請
2002.4.1	特定公益増進法人が困難に ▼グッズ販売事業費が多く、主たる公益目的事業費が 70%を下回るため
2002.4.24	朝日新聞社「明日への環境賞」受賞 ▼森林文化特別賞
2003.10.29	トトロの森５号地、６号地取得
2004.1	ふるさと農業体験開始
2004.8.5	長者峰競争入札に参加するも落札できず
2004.12.1	クロスケの家取得
2005.3.29	緑の森博物館条例公布
2005	北野の谷戸に最終処分場計画
2006.4	いきものふれあいの里センターの指定管理が始まる
2007.9	北野の谷戸のつどい開催
2007.11	北中四丁目に大規模墓地計画
2008.11.14	トトロの森７号地、８号地取得
2008.11.26	トトロの森９号地取得
2009.3	クロスケの家調査報告書とりまとめ
2009.3	長期構想発表 ▼トトロの森の未来に向かって・トトロのふるさと財団の次の 10 年構想
2009.5.19	トトロの森 10 号地取得
2009.10	菩提樹池と周辺の緑を守る協定締結
2009.12	北野の谷戸の復田作業開始
2010.1.25	トトロの森 11 号地取得
2010.6.7	環境大臣から環境保全功労者表彰を受賞
2010.6.14	トトロの森 12 号地取得
2010.9.1	クロスケの家改修工事契約
2010.10.28	トトロの森 13 号地取得
2010.12.10	公益認定等委員会から認定相当の答申
2011.1.27	トトロの森 14 号地取得

31	所沢市三ヶ島二丁目	2015.8.24	796.75	2,788,625
32	所沢市北野南二丁目	2015.11.17	4615.54	18,348,000
33	所沢市三ヶ島二丁目	2015.12.8	2138.46	7,855,100
34	所沢市三ヶ島二丁目	2015.12.8	1178.31	5,055,800
35	所沢市山口狢入	2016.1.26	2312.08	10,107,720
36	所沢市山口狢入	2016.1.26	1223.21	5,503,500
37	所沢市荒幡東向大谷	2016.2.19	1856.29	45,000,000
38	所沢市三ヶ島一丁目	2016.6.6	2193.85	12,994,800
39	所沢市上山口北峰	2016.8.29	1435.49	6,314,000
40	東大和市芋窪二丁目	2016.9.7	3157.59	12,715,000
41	所沢市三ヶ島二丁目	2017.3.6	2198.18	7,900,000
42	所沢市北野三丁目	2017.10.23	348.06	351,000
43	所沢市北野新町一丁目	2017.10.23	1533.37	10,612,000
44	所沢市北野二丁目	2017.10.23	383.80	1,737,000
45	所沢市上山口雑魚入	2017.11.21	288.09	574,000
46	所沢市林一丁目	2017.12.26	1302.35	4,198,400
47	東大和市芋窪二丁目	2018.2.20	7395.99	108,301,000
48	所沢市上山口チカタ	2018.3.23	583.06	無償寄付
49	所沢市堀之内	2019.3.19	1203.68	4,750,000
50	所沢市三ヶ島一丁目	2019.4.3	1744.04	7,985,300
51	所沢市三ヶ島二丁目	2019.5.30	3169.74	7,820,000
52	所沢市東狭山ヶ丘五丁目	2020.3.19	1496.17	9,275,200
53	所沢市三ヶ島一丁目	2020.7.7	2650.00	11,130,000
54	所沢市北野二丁目	2020.7.7	3691.48	16,000,000

◎トラスト地一覧

No.	所在	取得日	実測面積（㎡）	取得価格（円）
1	所沢市上山口雑魚入	1991.8.8	1182.88	64,407,800
2	所沢市久米八幡越	1996.4.10	1711.97	56,300,000
3	所沢市上山口チカタ	1998.5.26	1252.10	20,000,000
4	所沢市三ヶ島一丁目	2001.5.23	1173.14	8,196,367
5	所沢市堀之内	2003.10.29	3934.90	19,900,000
6	所沢市山口狢入	2003.10.29	3873.38	19,030,000
7	所沢市北野南二丁目	2008.11.14	1151.18	9,300,000
8	所沢市北野南一丁目	2008.11.14	1179.28	8,201,250
9	所沢市三ヶ島一丁目	2008.11.26	104.00	100,000
10	所沢市三ヶ島一丁目	2009.5.19	1348.95	5,400,000
11	所沢市北野南二丁目	2010.1.25	2385.72	14,250,000
12	所沢市北中四丁目	2010.6.14	5168.13	36,505,000
13	所沢市堀之内	2010.10.28	1443.90	5,815,290
14	所沢市北野三丁目	2011.1.27	336.43	2,000,000
15	所沢市上山口チカタ	2011.10.30	1247.86	無償寄付
16	所沢市北野南二丁目	2012.3.19	1045.97	無償寄付
17	東村山市秋津町五丁目	2012.5.28／6.8	1767.38	無償寄付
18	所沢市堀之内	2012.10.22	376.20	1,504,800
19	所沢市上山口大芝原	2013.3.18	1968.28	11,808,000
20	所沢市三ヶ島二丁目	2013.6.10	3444.56	12,138,000
21	所沢市三ヶ島二丁目	2013.10.17	3968.44	13,926,500
22	所沢市三ヶ島一丁目	2014.2.7	2791.94	14,848,120
23	所沢市山口狢入	2014.2.26	2896.43	11,947,400
24	所沢市三ヶ島一丁目	2014.3.14	1221.38	4,395,600
25	所沢市山口狢入	2014.5.27	1193.46	無償寄付
26	所沢市三ヶ島二丁目	2014.8.25	1,683,53	6,563,700
		2014.11.17	979.96	3,720,200
27	所沢市北野三丁目	2014.10.21	592.02	3,545,480
28	所沢市上山口長久保	2014.12.16	1058.32	4,126,200
29	所沢市三ヶ島一丁目	2015.3.23	852.48	5,161,860
30	入間市宮寺宮前及び大谷戸	2015.5.25	1602.99	6,588,700

ボランティアになる

草刈りや落ち葉はきなどのトトロの森の維持管理作業、自然環境の調査や谷戸田の再生と里山環境の保全作業など、さまざまな活動を支えてくださるボランティアを募集しています。お気軽に事務局にお問合せください。

【ボランティアについて】
https://www.totoro.or.jp/volunt/index.html

●トトロの森で何かし隊

子どもから学生、定年退職後の方まで、幅広い年齢の方が参加して、毎月２回、トラスト地の管理作業を行っています。

技術講習会、救急講習会などもありますので、ボランティア活動が初めての方、体力や知識・技術に自信がない方でも安心してご参加ください。

●北野の谷戸の芽会

たくさんの生きものが息づく豊かな自然環境と地域の農業文化の保全、地域に親しまれる水田、循環型農業が生み出す美しい景観（機能的景観美）を目指し、北野の谷戸で、稲作、畑作、雑木林管理の作業を、月１回のペースでおこないます。

収穫時期など農繁期は、臨時作業が加わることもあります。

毎回、小さな子どもから祖父母世代まで３世代が集まり、楽しく汗を流しています。

●法人ボランティア

会社やサークル、学校などグループでのボランティアも募集しています。

ご希望の場合は、事務局までご相談ください。

お問い合わせ　公益財団法人トトロのふるさと基金　事務局
〒359-1164　埼玉県所沢市三ヶ島三丁目 1169-1
Tel.04-2947-6047 ／ Fax.04-2947-6057 ／ https://www.totoro.or.jp/

◎「トトロの森」を支援する

「トトロの森」を守る活動は、皆さんの暖かいご支援により支えられています。一緒にトトロの森を守りましょう。私たちのなかまになってください！

会員になる

会員はトトロの森のサポーター。1年ごとの年次制（4月～翌年3月）です。

正会員（年会費:3000円）、正会員（高校生：年会費：2000円）、賛助会員（年会費：10000円）、家族会員（年会費：500円）、こども会員（年会費500円）、法人会員（年会費：一口50000円）があります。

会員特典として毎年絵柄が変わる会員限定缶バッジ、トトロのオリジナルイラスト付き領収書、会報をお送りします。

寄付をする

土地や文化財を買い取るための「トトロの森基金」、クロスケの家の改修・維持管理のための「クロスケの家基金」、里山管理作業などの活動資金のための「公益目的事業指定寄付金」があります。寄付の特典として、トトロのオリジナルイラスト付き領収書、会報をお送りします。

【入会・寄付の手続きについて】

https://www.totoro.or.jp

公益財団法人トトロのふるさと基金(以下、トトロのふるさと基金という)への寄付金及び会費は、公益財団法人への寄付金として、税制優遇措置の対象となります。
※税制は改正されることがあります。最新の状況については税務署にお尋ねになるか、国税庁のホームページでご確認ください。

グッズを買う

宮崎駿監督や映画会社の方がトトロのふるさと基金のために描いてくださったオリジナルイラストを使用したトトロファンドグッズ、書籍・報告書などを販売しています。収益はトトロの森・狭山丘陵を守る活動に使われます。

【トトロ・ファンド・ショップ】

https://totoro.ocnk.net/

執筆者一覧（執筆順）

安藤聡彦　公益財団法人トトロのふるさと基金理事長
宮崎駿　公益財団法人トトロのふるさと基金顧問
対馬良一　公益財団法人トトロのふるさと基金常務理事
荻野豊　公益財団法人トトロのふるさと基金専務理事
榎本勝年　公益財団法人トトロのふるさと基金評議員
佐藤雅生　公益財団法人トトロのふるさと基金評議員
菊一敦子　公益財団法人トトロのふるさと基金理事（収益事業担当）
小暮岳実　公益財団法人トトロのふるさと基金ガイドツアー講師
堀井達夫　公益財団法人トトロのふるさと基金評議員
牛込佐江子　公益財団法人トトロのふるさと基金職員
佐藤八郎　公益財団法人トトロのふるさと基金理事（里山部会担当）
早川直美　公益財団法人トトロのふるさと基金理事（調査部会担当）
関口伸一　公益財団法人トトロのふるさと基金理事（地域保全活動部会担当）
北浦恵美　公益財団法人トトロのふるさと基金常務理事・事務局長
花澤美恵　公益財団法人トトロのふるさと基金職員
後藤祥夫　公益財団法人トトロのふるさと基金監事
椎葉迅　砂川流域ネットワーク代表
枠谷靖宏　チカタ集いの会
山本尚幸　東大和市狭山緑地雑木林の会代表
齊藤幸子　グリーン・フォレスト・ネットワーク所沢
関口浩　公益財団法人トトロのふるさと基金評議員
宮崎朱美　公益財団法人トトロのふるさと基金評議員

トトロの森をつくる　トトロのふるさと基金のあゆみ 30 年

2020 年 10 月 30 日　第 1 刷発行

編著者　公益財団法人トトロのふるさと基金
発行者　坂上 美樹
発行所　合同出版株式会社
東京都千代田区神田神保町 1-44　郵便番号 101-0051
電話 03（3294）3506　FAX03（3294）3509
URL https://www.godo-shuppan.co.jp/　振替 00180-9-65422
印刷・製本　株式会社シナノ

■刊行図書リストを無料送呈いたします。■落丁乱丁の際はお取り換えいたします。

ISBN978-4-7726-1438-2　NDC360　148 × 210